食品农产品认证知识读本
企业分册

国家市场监督管理总局认证监督管理司
中　国　质　量　认　证　中　心　编著

中国质量标准出版传媒有限公司
中　国　标　准　出　版　社

北　京

图书在版编目（CIP）数据

食品农产品认证知识读本. 企业分册 / 国家市场监督管理总局认证监督管理司，中国质量认证中心编著. —北京：中国质量标准出版传媒有限公司，2021.6

ISBN 978-7-5026-4867-1

Ⅰ. ①食… Ⅱ. ①国… ②中… Ⅲ. ①食品安全—安全认证—中国 ②农产品—产品质量认证—中国 Ⅳ. ① TS201.6 ② F326.5

中国版本图书馆 CIP 数据核字（2020）第 237417 号

中国质量标准出版传媒有限公司
中　国　标　准　出　版　社　出版发行

北京市朝阳区和平里西街甲 2 号（100029）

北京市西城区三里河北街 16 号（100045）

网址：www.spc.net.cn

总编室：（010）68533533　发行中心：（010）51780238

读者服务部：（010）68523946

中国标准出版社秦皇岛印刷厂印刷

各地新华书店经销

*

开本 787×1092　1/16　印张 13　字数 222 千字

2021 年 6 月第一版　　2021 年 6 月第一次印刷

*

定价：80.00 元

编审编委会

主　　任： 刘卫军

副 主 任： 薄昱民

主　　编： 何小群

副 主 编： 陈恩成　　游安君　　王吉谭

审定人员： 赵改萍　　顾世顺　　吕良足

周玉林　　王　佳

编写人员： 何小群　　游安君　　陈恩成

陈　鹏　　郑林莹　　张红旗

李国柱　　李　蓓　　韩　智

顾加力　　郭志忠　　孙小强

宋振基　　唐怡聪　　薛长辉

占才喜　　杨建民　　朱　奕

赵建坤　　张　永　　王吉谭

李　鹏　　王　鑫　　张天军

汪春林　　夏业鲍　　彭　程

统 稿 人： 王吉谭　　张红旗

FORWARD

前言

食品农产品认证制度在促进和保障食品安全方面发挥了重要作用，被称为质量管理的“体检证”、市场经济的“信用证”、国际贸易的“通行证”。国际上现行的、广受认可的食品农产品认证制度主要包括良好农业规范（GAP）认证、良好生产规范（GMP）认证、有机产品认证、食品安全管理体系（FSMS）认证、危害分析与关键控制点（HACCP）体系认证等。

为了使广大食品农产品生产经营企业及其他相关方系统了解我国食品农产品认证发展现状、认证制度、认证流程、认证依据及认证要求，国家市场监督管理总局认证监督管理司组织中国质量认证中心编写了本书。全书共10章：第1章为食品农产品认证概述，重点介绍食品农产品认证制度体系、认证种类和发展现状，旨在让读者对食品农产品认证建立初步的认识；第2章为食品农产品认证的意义，重点阐述获得食品农产品认证将为消费者、零售商等相关方提供有力的第三方证明，并可充分体现其“体检证、信用证、通行证”的作用；第3章为认证流程，帮助食品农产品生产经营者了解如何获得食品农产品认证——实施认证的主要步骤和具体工作；第4章为管理体系的建立和实施，重点介绍质量管理体系的相关要求，建立、实施和保持质量管理体系工作内容和流程等；第5章至第10章分别介绍有机产品认证、绿色食品认证、食品安全管理体系认证、危害分析与关键控制点体系认证、良好农业规范认证、乳制品生产企业良好生产规范认证，通过对各种认证制度的介绍，使读者了解各种认证制度的关键要求及应用实践。此外，本书特别在每个认证制度部分单列了企业在实施认证过程中的常见问题，帮助读者进一步了解如何实施认证。

需要说明的是，相关法律法规及认证规则均在不断修订完善，请读者注意使用最新版本。限于编写时间仓促，书中难免有疏漏、不足之处，恳请读者给予批评指正。

编者

2020 年 12 月

CONTENTS

目录

第1章

CHAPTER 1

食品农产品认证概述

1.1 我国食品农产品认证制度体系

1.1.1 认证制度概述

在市场活动中，买卖双方之间不可避免地存在信息的不对称。一方面，卖方需要将自身产品或服务的质量优势全面、直观地展现给购买方，增加其在市场活动中的竞争力；另外一方面，买方也需要从繁复庞杂的市场信息中，准确、快速地甄别出自己所需产品和服务的最优供方，以期降低交易风险、增加效率、降低成本。认证可以同时满足买方和卖方的要求，为二者搭建沟通和信任的桥梁。

认证的历史可以追溯到1903年，英国对铁路路轨进行认证并授予“风筝”标志，首开国家认证制度的先河。20世纪50年代，美国对军工产品生产企业制定了质量管理体系规范，依据规范开展质量管理体系认证，认证从产品认证拓展到管理体系认证。此后，随着科学技术的发展和各国对外开放程度的提高，流通领域中的国与国之间、地区与地区之间的贸易变得更加广泛和频繁，第三方认证的桥梁作用更加明显。认证活动在全球范围内得到高度重视，市场主体充分认识到认证是经济发展的自发需要，是经济活动中买方和卖方的共同需求。目前，认证已经成为全球流通市场的重要组成部分，是质量管理的“体检证”、市场经济的“信用证”、国际贸易的“通行证”。

我国为了保障产品质量、促进经济发展，相继制定、发布了一系列的认证制度。2003年，国务院发布《中华人民共和国认证认可条例》（以下简称《认证认可条例》），成为规范我国境内认证认可活动及境外认证机构在我国境内活动和开展国际互认的行政法规。该条例第一章第二条规定，“认证是指由认证机构证明产品、服务、管理体系符合相关技术规范、相关技术规范的强制性要求或者标准的合格评定活动”。通俗地说，认证就是认证机构通过检查、检验、检测等方式，确定特定的产品、服务或管理体系是否满足某一规范或标准要求，并对符合要求的产品、服务或管理体系出具第三方证明性文件的过程。

“民以食为天，食以安为先”，在满足日常温饱以后，吃得安全、吃得放心，成为普通消费者对农产品、食品的最基本需求。为了满足消费者需求，促进我国农业和食品产业的健康发展，为政府部门日常监管提供有益的参考和补充，国家认证认可监督管理委员会（以下简称认监委）、国家质量监督检验检疫总局（以下简称质检总局）、农业部等九部委于 2003 年 2 月 27 日联合发布《关于印发〈关于建立农产品认证认可工作体系实施意见〉的通知》（国认注联〔2003〕15 号）。该通知明确指出：“在我国经济进入新的发展阶段和加入世界贸易组织的新形势下，随着工业化进程和城市建设的迅速发展，人民群众生活水平的不断提高，对‘菜篮子’产品的质量卫生安全提出了新的要求。对农产品的质量安全卫生施行认证认可管理，是做好新阶段的‘菜篮子’工作的一项重要任务，也是实现农业现代化、推进农业产业化进程和进一步扩大对外开放的一项重要措施。”

根据该通知的要求，认监委积极会同有关部门和单位，以我国业已开展的“无公害农产品”“绿色食品”和“有机食品”等认证为基础，统一、完善相关的认证标准体系，逐步使我国农产品认证与国际通行的认证标准和认证形式接轨。同时，认监委也积极开展危害分析与关键控制点（HACCP）体系、食品安全管理体系（FSMS）等食品安全认证制度的建立和推广工作。经过十几年的积累和发展，旧的认证体系逐渐被完善，新的认证体系不断发展壮大。目前，我国已经建立了与国际接轨的、完善的食品农产品认证制度体系，涵盖“从农田到餐桌”的整个产业链条。我国现有的主要食品农产品认证制度见表 1-1。

表 1-1　我国现有的主要食品农产品认证制度

认证领域	认证性质	认证类别	认证范围	适用组织
良好农业规范（GAP）认证	自愿性认证	产品认证	农产品	农产品生产企业和个人
有机产品认证	自愿性认证	产品认证	农产品、食品	农产品、食品生产加工和经营企业

续表

认证领域	认证性质	认证类别	认证范围	适用组织
食品安全管理体系（FSMS）认证	自愿性认证	体系认证	食品、食品添加剂	食品供应链
危害分析与关键控制点（HACCP）体系认证	自愿性认证	体系认证	食品	食品加工、餐饮企业
乳制品生产企业良好生产规范（GMP）认证	自愿性认证	体系认证	乳制品	乳制品加工企业
乳制品生产企业危害分析与关键控制点（HACCP）体系认证	自愿性认证	体系认证	乳制品	乳制品加工企业
质量管理体系认证	自愿性认证	体系认证	农产品、食品供应链	农产品、食品生产供应链企业
绿色食品认证	自愿性认证	产品认证	农产品、食品	农产品、食品生产加工企业

1.1.2 认证管理

产品质量和品牌信誉是认证食品农产品的生命线，食品农产品认证规模越大，社会认知度越高，越需要加强管理。如果认证环节不规范，认证产品的质量和安全出现问题，不仅影响单个企业和产品形象、损害消费者利益，而且会造成劣币驱逐良币的现象，动摇整个食品农产品认证的根基。目前，在食品农产品认证发展过程中，还不同程度地存在“重认证、轻管理，重标志、轻标准”的现象。少数产品存在质量、安全隐患，部分企业放松质量管理，认证标志使用混乱，一些地区市场秩序有待规范，必须予以高度重视。全面加强对食品农产品认证监督管理，保证认证机构严格按照标准和规则开展认证活动，生产企业按标准进行生产经营活动，确保食品农产品认证标志在使用上做到合法、真实、有效，对于实现农业可持续发展、保护环境、提高食品农产品安全水平，具有十分重要的意义。

我国食品农产品认证的监管主要由国家市场监督管理总局（以下简称市场监管总局）认证监督管理司负责。认证监督管理司作为全国认证认可工作主管机构，负责认证机构的设立、审批及其从业活动的监督管理，以及对食品农产品认证认可活动进行统一管理、监督和综合协调。认证机构的设立、检查员的注册、认证活动的开展、认证产品的生产销售等都在认证监督管理司的监督、管理与指导下进行。

1.1.2.1 认证机构的行政审批

根据《认证机构管理办法》的规定，认证机构的设立，应事先获得行政审批，未经批准，任何单位和个人不得从事认证活动。拟开展认证活动的申请人，应向认证监督管理司提交符合条件的证明文件，包括取得法人资格、有固定的办公场所和必要的设施、有符合认证认可要求的管理制度、注册资本不得少于人民币300万元、有10名以上相应领域的专职认证人员等。拟从事产品认证活动的认证机构，还应当具备与从事相关产品认证活动相适应的检测、检查等技术能力。外商投资企业在中华人民共和国境内取得认证机构资质，除符合上述条件外，还应当符合《认证认可条例》规定的其他条件。符合要求的申请人，认证监督管理司向其出具“认证机构批准书”，有效期为6年。

1.1.2.2 认证机构的认可

认证机构在获得批准后，可在12个月内，向中国合格评定国家认可委员会（CNAS）申请认可，以证明其具备实施相应认证活动的能力。获准认可的认证机构，可在其认可的认证业务范围内按照《认可标识和认可状态声明管理规则》（CNAS-R01）颁发带有CNAS认可标识的认证证书。在认可证书的有效期内，CNAS对获准认可的认证机构实施监督评审，确定其是否持续符合认可委认可规范的要求。认证机构也可不向CNAS申请认可，而是自行向认监委提交能力证明文件。但是，在贸易过程中，带有CNAS认可标识的认证证书更易获得相关方的认可。

1.1.2.3 食品农产品认证监管

党的十八大以来，在以习近平同志为核心的党中央领导下，对市场监管体制进行了系统的顶层设计，市场监管发生了根本性变革，开启了我国市场监管新篇章。市场监管理念、监管规则不仅影响我国的社会主义市场经济运行，也成为影响国家竞争力和国际影响力的重要因素，是构建全面开放新格局的重要基础。健全以“双随机、一公开”为基本手段，以重点监管为补充，以信用监管为基础的新型监管机制，推动“互联网+监管”模式，是当前市场监管的重要任务。

国务院办公厅于 2015 年 7 月 29 日下发《国务院办公厅关于推广随机抽查规范事中事后监管的通知》，明确要求大力推广随机抽查监管，并在抽查中采取“双随机、一公开”抽查机制。“双随机”是指随机抽取检查对象、随机选派执法检查人员。“一公开”是指加快政府部门之间、上下之间监管信息的互联互通，依托全国企业信用信息公示系统，整合形成统一的市场监管信息平台，及时公开监管信息，形成监管合力。该通知发布后，各级市场监督管理部门迅速响应文件规定，“双随机、一公开”抽查迅速铺开，目前已收到良好成效。

2019 年 2 月 15 日，国务院办公厅下发《国务院关于在市场监管领域全面推行部门联合“双随机、一公开”监管的意见》（国发〔2019〕5 号），充分肯定在市场监管领域全面推行“双随机、一公开”监管的重要作用，认为其“是党中央、国务院做出的重大决策部署，是市场监管理念和方式的重大创新，是深化‘放管服’改革、加快政府职能转变的内在要求，是减轻企业负担、优化营商环境的有力举措，是加快信用体系建设、创新事中事后监管的重要内容”，并提出以下总体要求：在市场监管领域健全以“双随机、一公开”监管为基本手段、以重点监管为补充、以信用监管为基础的新型监管机制，切实做到监管到位、执法必严，使守法守信者畅行天下、违法失信者寸步难行，进一步营造公平竞争的市场环境和法治化、便利化的营商环境。

为全面贯彻落实国发〔2019〕5 号文精神，市场监管总局于 2019 年 2 月 17 日发布《市场监管总局关于全面推进“双随机、一公开”监管工作的通知》（国市监信〔2019〕38 号），要求各级市场监督管理部门深刻认识“双随机、一公开”监管的重要意义，发挥整体优势，加强统筹协调，注重内部各业务条线的职能整合，将“双随机、一公开”监管理念贯穿到市场监管执法各领域中。

1.1.2.4 认证结果查询

为保证认证信息的准确性，配合各职能部门的监管工作，认监委自 2006 年启用了“中国食品农产品认证信息系统”，认证机构应当在对认证委托人实施现场检查 5 日前，将认证委托人、认证检查方案等基本信息报送至该信息系统，并在获证后及时将产品获证情况以及产品认证防伪标志的购买情况上传该系统，以方便监管。认证委托人可通过该系统查询、跟踪认证进展；消费者如对购买的产品存在疑虑的，可登录该网站进行查询、核实。该信息系统维护了消费者和获证企业的合法权益，增强了认证产品信息的透明度，同时也为食品农产品认证的社会监督提供了信息平台。

1.1.2.5 食品农产品认证申投诉管理

根据《认证认可申诉投诉处理办法》，任何组织或个人均有权依据该办法向认监委提出申诉、投诉。申诉是指当事人直接受到有关认证认可工作机构作出决定的影响时提出的异议。投诉是指任何组织或个人认为有关认证认可工作机构、工作人员或者获证组织存在违法违规问题的举报。认证认可工作机构是指从事认证认可工作的认可机构、人员注册机构、认证机构、认证咨询机构、认证培训机构以及相关的实验室和检查机构等。认证认可工作人员，是指认可评审员、认证审核员、工厂检查员、认证咨询师、认证培训师，以及认可、人员注册、认证、认证培训和认证咨询机构的业务管理人员。

1.2 我国食品农产品认证种类

1.2.1 认证种类介绍

认证是指由认证机构证明产品、服务、管理体系符合相关技术规范、相关技术规范的强制性要求或者标准的合格评定活动。认证类型按认证对象一般分为体系认证、产品认证和服务认证 3 大类，按强制程度分为自愿性认证和强制性认证两种。自愿性认证按照认证制度所有者分为国家推行自愿性认证（以下简称国推自愿性认证）和认证机构推行自愿性认证制度（以下简称机推自愿性认证）。

随着经济全球化的发展、社会文明程度的提高，人们越来越关注食品的安全问题；要求生产、操作和供应食品的组织证明自己有能力控制食品安全危害和那些影响食品安全的因素。顾客的期望、社会的责任，使食品生产、操作和供应的组织逐渐认识到，应当有标准来指导、保障、评价食品安全管理，这种对标准的迫切需求，进一步促使食品农产品安全相关标准的制定。专门针对初级农产品和食品及与农产品食品相关的认证一般称为食品农产品认证，目前我国国推自愿性食品农产品认证种类已有 10 余种。食品农产品体系类认证包括：食品安全管理体系（FSMS）

认证、危害分析与关键控制点（HACCP）体系认证、乳制品生产企业良好生产规范（GMP）认证、绿色市场认证等；食品农产品产品类认证包括：有机产品认证、良好农业规范（GAP）认证、绿色食品认证、无公害农产品认证、食品质量（酒类）认证、饲料产品认证等。在本书中主要就上述相关食品农产品认证制度进行阐述。

1.2.1.1　食品安全管理体系（FSMS）认证

FSMS 是食品安全管理体系（Food Safety Management System）的英文缩写。食品安全管理体系认证以 GB/T 22000《食品安全管理体系　食品链中各类组织的要求》（该标准等同采用 ISO 22000）为认证依据，俗称 ISO 22000 认证。GB/T 22000 规定了一个食品安全管理体系的要求，并结合生产过程的关键元素，以确保从食品链前端至最后消费者的全产业链食品安全。GB/T 22000 将 HACCP 原理作为方法应用于整个体系，明确了危害分析作为安全食品实现策划的核心，并将国际食品法典委员会（CAC）所制定的预备步骤中的产品特性、预期用途、流程图、加工步骤、控制措施和沟通作为危害分析及其更新的输入，同时将 HACCP 计划及其前提条件（前提方案）动态、均衡地结合，既是描述食品安全管理体系要求的使用指导标准，又是供食品生产、操作和供应的组织认证和注册的依据。

食品安全管理体系认证范围广泛，适用于所有在食品链中期望建立和实施有效的食品安全管理体系的组织，无论该组织类型、规模和所提供的产品。这包括直接介入食品链中一个或多个环节的组织（不限于饲料加工者，农作物种植者，辅料生产者，食品生产者，零售商，食品服务商，配餐服务，提供清洁、运输、贮存和分销服务的组织），以及间接介入食品链的组织（如设备、清洁剂、包装材料以及其他与食品接触材料的供应商）。

1.2.1.2　危害分析与关键控制点（HACCP）体系认证

HACCP 是危害分析与关键控制点（Hazard Analysis Critical Control Point）的英文缩写。GB/T 15091《食品工业基本术语》对其定义为：生产（加工）安全食品的一种控制手段：对原料、关键生产工序及影响产品安全的人为因素进行分析，确定加工过程中的关键环节，建立、完善监控程序和监控标准，采取规范的纠正措施。

HACCP 体系认证是指企业委托有资格的认证机构对本企业所建立和实施的HACCP 管理体系进行认证的活动。该活动的审核方是获得认监委批准的并获得认可的 HACCP 认证机构。从事该认证现场审核的人员应是获得食品相关专业学历、有食品工艺方面的实践经验、接受过 HACCP 培训并取得认证人员注册机构注册的专业评审人员。HACCP 体系认证依据包括：

1）GB/T 27341《危害分析与关键控制点（HACCP）体系　食品生产企业通用要求》；

2）GB 14881《食品安全国家标准　食品生产通用卫生规范》；

3）《危害分析与关键控制点（HACCP 体系）认证补充要求》；

4）所适用的法律法规等相关文件。

HACCP 是对可能发生在食品加工环节中的危害进行评估进而采取控制的一种预防性的食品安全控制体系。有别于传统的质量控制方法，HACCP 是对原料、各生产工序中影响产品安全的各种因素进行分析，确定加工过程中的关键环节，建立并完善监控程序和监控标准，采取规范的纠正措施，将危害预防、消除或降低到消费者可接受水平，以确保食品加工者能为消费者提供更安全的食品。

以 HACCP 为基础的食品安全管理体系是一种科学、简便、实用的预防性食品安全质量控制体系，在国际上得到越来越广泛的关注和认可，已成为当今国际食品行业安全质量管理的必然要求。危害分析与关键点控制涉及企业生产活动的各个方面，如采购与销售、仓储运输、生产、质量检验等，为的是在经营活动的各个环节保障食品的安全。

HACCP 体系认证范围基本覆盖所有的食品加工和食品制造行业及餐饮业，按照《危害分析与关键控制点（HACCP）体系认证实施规则》和认监委相关文件，HACCP 体系认证范围分为：

1）易腐烂的动物产品的加工；

2）易腐烂的植物产品的加工；

3）易腐烂的动植物混合产品的加工；

4）环境温度下稳定产品的加工和餐饮业。

1.2.1.3 乳制品生产企业良好生产规范（GMP）认证

GMP 是良好生产规范（Good Manufacturing Practice）的英文缩写。良好生产规范是一种特别关注生产过程中产品质量与卫生安全的自主性管理制度，是一套适用于制药、食品等行业的强制性标准，要求企业从原料、人员、设施设备、生产过程、包装运输、质量控制等方面按国家有关法规达到卫生质量要求，形成一套可操作的作业规范，以帮助企业改善其卫生环境，及时发现生产过程中存在的问题并加以改善。

2009 年 3 月 31 日，认监委以 2009 年第 15 号、第 16 号公告的形式，正式发布了《乳制品生产企业良好生产规范（GMP）认证实施规则（试行）》。2010 年 3 月 26 日，卫生部正式发布了 GB 12693—2010《食品安全国家标准　乳制品良好生产规范》，并要求在 2010 年 12 月 1 日正式实施，标志着乳制品生产企业 GMP 认证制度正式建立并开始实施。乳制品生产企业 GMP 认证主要是针对乳制品加工制造企业的认证。乳制品生产企业 GMP 认证的认证依据包括：

1）GB 12693—2010《食品安全国家标准　乳制品良好生产规范》（适用于一般乳制品生产企业）；

2）GB 23790—2010《食品安全国家标准　粉状婴幼儿配方食品良好生产规范》（适用于婴幼儿配方乳粉生产企业）。

1.2.1.4 有机产品认证

有机产品是指生产、加工、销售过程符合中国有机产品国家标准（GB/T 19630《有机产品　生产、加工、标识与管理体系要求》），获得有机产品认证证书，并加施中国有机产品认证标志的供人类消费、动物食用的产品。有机产品主要包括粮食、蔬菜、水果、奶制品、畜禽产品、水产品及调料等食品及棉、麻、竹、服装、饲料等“非食品”。

有机产品标准简单地说就是要求在动植物生产过程中不使用化学合成的农药、化肥、生长调节剂、饲料添加剂等物质，以及基因工程生物及其产物，而且遵循自然规律和生态学原理，采取一系列可持续发展的农业技术，协调种植业和养殖业的平衡，维持农业生态系统良性循环；对于加工、贮藏、运输、包装、标识、销售等过程中，也有一整套严格规范的管理要求。

申请有机产品认证的产品应在认监委公布的《有机产品认证目录》内。认监委2019年11月发布的新版《有机产品认证目录》包括135大类有机产品。《有机产品认证目录》将根据农业生产技术、市场需求、风险评估结果等进行动态调整，具体产品目录可在认监委网站查询。

1.2.1.5 绿色食品认证

《绿色食品标志管理办法》中规定，绿色食品是指产自优良生态环境、按照绿色食品标准生产、实行全程质量控制并获得绿色食品标志使用权的安全、优质食用农产品及相关产品。绿色食品认证依据的是农业部绿色食品行业标准。

绿色食品并不是“绿颜色”的食品，而是对无污染的安全、优质、营养类食品的一种形象表述。随着绿色食品事业发展的不断壮大，制度规范不断健全，标准体系不断完善，其概念和内涵也不断丰富和深化。

绿色食品标志是经原国家工商行政管理局商标局核准注册的证明商标。申请使用绿色食品标志的产品限于商标注册使用的商品类别。商标局核准商品为《商标注册用商品和服务性国际分类》中第1、2、3、5、29、30、31、32、33类。

1990年，绿色食品事业创建之初，开拓者们认为绿色食品应该有区别于普通食品的特殊标志，因此根据绿色食品的发展理念构思设计出了绿色食品标志图形（图1-1）。该图形由3部分构成，上方的太阳、下方的叶片和中心的蓓蕾，象征自然生态；颜色为绿色，象征着生命、农业、环保；图形为正圆形，意为保护。绿色食品标志图形描绘了一幅明媚阳光照耀下的和谐生机，意欲告诉人们绿色食品正是出自优良生态环境的安全、优质食品，同时还提醒人们要保护环境，通过改善人与自然的关系，创造自然界新的和谐。

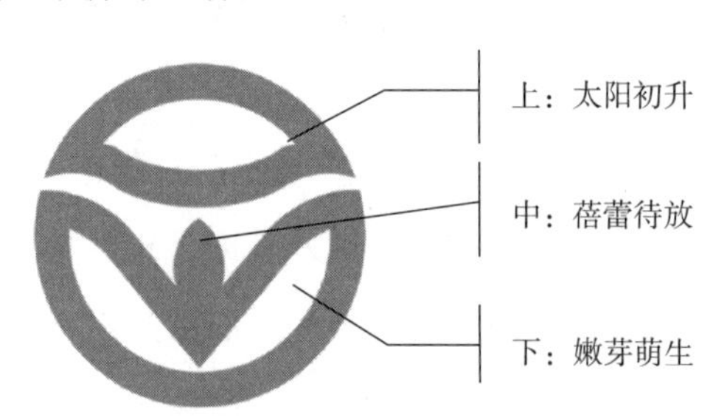

图1-1 绿色食品标志

1.2.1.6 良好农业规范（GAP）认证

GAP 是良好农业规范（Good Agricultural Practices）的英文缩写。从广义上讲，良好农业规范作为一种适用过程方法和体系，通过经济的、环境的和社会的可持续发展措施，来保障食品安全和食品质量。它是以危害预防原理、良好卫生规范、可持续发展农业和持续改良农场体系为基础，避免在农产品生产过程中受到外来物质的严重污染和危害。GAP 主要针对未加工和最简单加工（生的）出售给消费者和加工企业的大多数果蔬的种植、采收、清洗、包装和运输过程中常见的微生物的危害控制，其关注的是新鲜果蔬的生产和包装，但不限于农场，包含从农场到餐桌的整个食品链的所有步骤。中国良好农业规范认证（ChinaGAP 认证）标准为良好农业规范 GB/T 20014 系列标准。2003 年 4 月认监委首次提出在中国食品链源头建立“良好农业规范”体系，并于 2004 年启动了中国良好农业规范（ChinaGAP）系列标准的编写和制定工作，标准起草主要参照欧盟良好农业规范（EUREPGAP）标准［2007 年更名为全球良好农业规范（GLOBALGAP）］的内容，并结合中国国情和法规的要求编写而成。

GAP 认证分为两个级别的认证：一级认证和二级认证。一级认证要求满足适用模块中所有适用的一级控制点要求和所有适用模块的二级控制点数量的 95% 的要求，不设定三级控制点的最低符合百分比；二级认证要求所有产品应至少符合所有适用模块中适用的一级控制点总数的 95% 的要求，不设定二级控制点、三级控制点的最低符合百分比。认证委托人可根据自身法律主体的组成形式按农业生产经营者或农业生产经营者组织两种选项申请认证。选项 1 是农业生产经营者认证，包括单一场所，未实施质量管理体系的多场所和实施质量管理体系的多场所；选项 2 是农业生产经营者组织认证，是指由两个及以上的农业生产经营者通过合同关系形成的组织申请良好农业规范认证，同时农业生产经营者组织已按要求建立并实施质量管理体系。

GAP 认证产品范围包括作物种植、畜禽养殖、水产养殖和蜜蜂养殖，申请认证的产品应在认监委公布的《良好农业规范产品认证目录》内。GAP 认证产品是按照模块划分的，具体包括：

1）作物种植：果蔬模块、大田模块、茶叶模块、花卉模块、烟草模块；

2）畜禽养殖：牛羊模块、奶牛模块、家禽模块、生猪模块；

3）水产养殖：工厂化养殖模块、网箱养殖模块、围栏养殖模块、池塘养殖模块、滩涂 / 底播 / 吊养养殖模块；

4）蜜蜂养殖：蜜蜂模块。

良好农业规范系列国家标准共包含 19 项，详见 9.2.3。

1.2.1.7 三同认证

2014 年 9 月，李克强总理在视察质检工作时要求，促进出口企业在同一生产线、按相同的标准生产内销和外销产品，使供应国内市场和供应国际市场的产品达到相同的质量水准，即“同线同标同质”。2015 年，质检总局、认监委建立公共服务平台，会同商务部、财政部、食药监总局、农业部等协办部门，共同推进“三同”工程。质检总局率先在出口食品企业启动内外销“三同”工程，并列为质检重点工作任务。大力推进“三同”工程对于提高质量供给水平、提振消费信心、促进消费提升、增强内需对经济增长的拉动作用等具有深远意义。

认证“三同”的企业一般要符合以下 3 个条件：

1）企业获得出口备案注册资格并有实际的出口业绩；

2）企业自我声明投放内销市场的产品“同线同标同质”；

3）加工企业需获得 HACCP 认证或 GAP 认证。

1.2.2 认证领域的选择和认证标准的获取

1.2.2.1 认证领域的选择

农产品食品生产加工企业可根据自己从事的行业类别和生产加工特点选择不同的认证，根据需求可选择一个或同时选择几个认证领域，以满足企业发展需要。生产企业可参照表 1-2 选择农产品食品生产加工企业适用的认证领域。

表 1-2 农产品食品生产加工企业适用的认证领域

序号	国民经济分类代码	所属行业类别	适用的认证领域
1	01	农业	有机产品认证、绿色食品认证、良好农业规范（GAP）认证、质量管理体系认证、食品安全管理体系（FSMS）认证等

续表

序号	国民经济分类代码	所属行业类别	适用的认证领域
2	03	畜牧业	有机产品认证、绿色食品认证、良好农业规范（GAP）认证、质量管理体系认证、食品安全管理体系（FSMS）认证等
3	04	渔业	有机产品认证、绿色食品认证、良好农业规范（GAP）认证、质量管理体系认证、食品安全管理体系（FSMS）认证等
4	13	农副食品加工业	食品安全管理体系（FSMS）认证、危害分析与关键控制点（HACCP）体系认证、有机产品认证、绿色食品认证、质量管理体系认证等
5	14	食品制造业	食品安全管理体系（FSMS）认证、危害分析与关键控制点（HACCP）体系认证、乳制品生产企业良好规范（GMP）认证（限乳制品制造业），有机产品认证、绿色食品认证、质量管理体系认证等
6	15	酒、饮料和精制茶制造	食品安全管理体系（FSMS）认证（酒除外）、危害分析与关键控制点（HACCP）体系认证、有机产品认证，绿色食品认证、质量管理体系认证等
7	17	纺织业	有机产品认证、质量管理体系认证等
8	18	纺织服装、服饰业	有机产品认证、质量管理体系认证等

1.2.2.2 认证标准的获取

（1）国家标准化管理委员会网站查询

2017 年 3 月 16 日，为进一步加快推进国家标准公开工作，满足社会各界便捷地查阅国家标准文本的迫切需求，国家标准全文公开系统正式上线运行。国家标准全文公开系统提供了国家标准的题录信息和全文在线阅读，具有分类检索、热词搜索等功能。任何企业和社会公众都可以通过国家标准化管理委员会（以下简称标准委）官方网站国家标准全文公开系统（http://www.gb688.cn/bzgk/gb/index）查阅国家标准文本，或到标准委官网——标准公开（http://openstd.samr.gov.cn/bzgk/gb/index）在线预览。但采用了 ISO、IEC 等国际国外组织标准的国家标准，由于涉及版权保护问题，暂不提供在线阅读服务。国家标准全文公开系统所提供的电子文本仅供参考，必要时应以正式标准出版物为准。

（2）中国标准出版社购买

可在中国标准在线服务网（https://www.spc.org.cn/basicsearch）购买或在线阅读。采用了 ISO、IEC 等国际国外组织标准的国家标准，由于涉及版权保护问题，暂不能提供在线阅读服务，需联系中国标准出版社获取。

（3）向认证机构咨询

有认证需求并已选择了认证机构的企业，关于标准的任何信息可以直接向认证机构进行咨询。

1.3 食品农产品国际认证业务介绍

食品生产和采购的全球化使食品链变得越来越长、越来越复杂，这增加了发生食品安全事件的风险。食品安全法规的增多和技术标准的不统一，使食品制造商难以应对。零售商往往依据自身制定的标准实施检查或审核，或聘请第三方认证机构实施现场审核。全球针对食品农产品所开展的认证业务有 190 多种，而这些认证往往缺乏国家间的相互认可。

2000 年 5 月，来自全球 70 多个国家 650 多家零售生产服务商以及利益相关方的首席执行官及高级管理层，共同创建了全球食品安全倡议组织（GFSI），其目的是通过设立基准标准（标准的标准），以协调现有食品安全标准，减少食品链的重复审核。目前获得 GFSI 认可的认证制度方案主要有 BRC 全球标准（BRCGS）（第八版）、国际特定标准（IFS）（第六版）、食品安全体系认证（FSSC 22000）（第五版）、食品安全与质量（SQF）标准（第八版）等。

1.3.1 BRC全球标准（BRCGS）认证

（1）BRCGS 的起源与发展

1998 年，英国零售协会（BRC）应行业需要，发起并制定了《BRC 食品技术标准（第一版）》，用以对零售商自有品牌食品的制造商进行评估。该标准发布后不久即引起食品行业其他组织的关注。该标准在英国乃至其他国家的广泛应用使其发展成为一个国际标准。它不但可用于评估零售商的供应商，还被众多公司作为基础准则，以此建立自己的供应商评估体系及品牌产品生产标准。2000 年 BRC 食品安全全球标准成为第一个被 GFSI 认可的标准。2016 年 11 月，BRCGS 被 LGC 公司收购，作为品牌分离和共存协议的一部分，BRC 同意在 4 年内使用现有商标，此后 BRCGS 将停止使用现有商标。为了使品牌全球化，BRCGS 内涵将变更为“品牌、声誉和合规性”。最新一版的 BRCGS（第八版）已于 2019 年 2 月 1 日开始生效。

（2）BRCGS 的适用范围

该标准为下列产品的生产、加工和包装制定了要求，包括：

1）加工食品，包括自有品牌和客户品牌；

2）食品服务公司、餐饮公司和 / 或食品生产商使用的原材料或配料；

3）初级产品，如水果和蔬菜、家庭宠物食品。

BRCGS 认证适用于已经过审核的工厂所制造或制作的产品，而且包括受生产工厂管理层所直接控制的贮藏设施。该标准详细阐述了对贸易产品的要求，这些产品通常由工厂购买和贮藏，但并不在工厂进行生产、再加工或包装。该标准不适用于在公司直接控制之外的与食品批发、进口、分销或贮藏相关的活动。

（3）BRCGS 认证标志

BRCGS 认证标志（图 1-2）并非产品认证标志，不能使用在产品包装上，同时产品或产品包装上也不得提及 BRCGS。获得认证的任何工厂如被发现误用 BRCGS 名称，将受到 BRCGS 投诉 / 查证程序的约束，而且可能会面临认证被注销或撤销的危险。未在审核范围内涵盖全部产品的公司也不得使用 BRCGS 标志。

BRCGS | Food Safety　　BRCGS | Storage and Distribution

BRCGS | Packaging and Packaging Materials　　BRCGS | Consumer Products

BRCGS | Agents and Brokers　　BRCGS | Retail

图 1-2　BRCGS 认证标志

（4）BRCGS 的发证数量

目前，全球 130 多个国家已经颁发了 BRCGS 证书，总发证量约为 29000 多张，其中英国约4500张，美国约2600张，中国约2900张。获得认证的公司可在BRC网站公开目录中查询（https://brcdirectory.co.uk）。

1.3.2 国际特定标准（IFS）认证

（1）IFS的起源与发展

德国零售联盟的成员——德国零售业联合会（HDE）和其法国的合作伙伴——法国批发和零售联合会（FCD）为了用统一的标准评估供应商的食品安全与产品质量管理体系，共同起草了关于零售商品牌食品的产品质量与食品安全标准：国际食品标准（International Food Standard）。这个标准适用于所有农场生产后的食品加工。后因这套标准所涉及的范围还有非食品，所以改名为国际特定标准（International Featured Standard）。

IFS第三版由HDE在2003年发布并执行。2004年1月，在FCD的协助下，IFS第四版发布并出版。从2005年至2006年，意大利零售联合会（ANCC）同样表现出了对IFS的兴趣。IFS第五版由来自德国、法国、意大利及瑞士、奥地利等国的零售业联合同盟共同推出。而IFS第六版除了零售商、相关方以及行业协会、食品服务机构、认证机构的代表外，还有来自法国、德国、意大利的工作组和国际技术委员会的积极参与。在IFS第六版编制期间，IFS还得到了最近刚成立的IFS北美工作组和西班牙、亚洲、南美洲零售商的大力支持。2019年10月IFS发布了第七版标准的草案并公开征求意见。

（2）IFS的审核范围

IFS Food标准作为零售商及批发商品牌食品供应商和其他食品制造商的审核标准，它仅涉及食品加工企业或食品包装企业。IFS Food标准仅适用于涉及“加工”的食品，或在初级包装过程中存在风险的产品。因此，IFS Food标准不适用于以下方面：食品进口商（办事处，如贸易公司）；食品运输、仓储及配送。

审核的范围由受审核方和认证机构双方在审核前商定，并在双方签订的合约上明确写出，同时应在审核报告与证书上注明。审核应在适当的时间进行，以确保报告和证书中提及的所有产品和工艺均能得到有效评估。若在两次认证审核之间有不同于现有IFS审核范围的产品或工艺（如季节性产品）出现，受审公司应立即通知其认证机构。认证机构进行风险评估以确定是否需要扩展审核，应基于卫生和安全风险进行评估，结果应形成文件。应对所有产品的加工现场进行审核。当生产场所分散存在时，如某一现场的审核不足以全面了解公司生产过程时，则所有相关的其他设施都应进行审核。完整的细节应在审核报告的公司简介中记录。

审核范围应包括企业的完整活动（如不同生产线生产同一种产品，产品既是供应商品牌，也是零售商 / 批发商品牌），不能仅包括生产零售商 / 批发商品牌产品的生产线，审核范围应该在开始阶段的初步风险评估之后确定，而且审核范围可以在风险评估之后进行修改（如后续的活动会影响目前审核范围内的某项活动）。

（3）IFS 认证标志与发证数量

截至 2019 年 10 月，IFS 认证在中国发证 200 余张。IFS 认证标志见图 1-3。

图 1-3　IFS 认证标志

1.3.3　食品安全体系认证（FSSC 22000）

（1）FSSC 22000 的起源与发展

食品安全体系认证（FSSC 22000）是近几年快速发展起来的一个国际食品安全认证项目，其认证依据主要基于国际标准 ISO 22000 食品安全管理体系和针对食品链各部分的技术规范，如 ISO/TS 22002-1《食品加工业的食品安全前提方案》、BSI-PAS 223《食品包装业的食品安全前提方案》以及项目的一些附加要求。

食品安全认证基金会（2004 年在荷兰成立的独立非营利性机构）于 2009 年 5 月 15 日正式发布了食品安全体系认证（FSSC 22000）项目。FSSC 22000 认证的目的就是协调食品链中食品安全体系的认证要求和方法，确保颁发的食品安全认证证书的内容、范围的可信性。2019 年 5 月 FSSC 22000 方案最新版本第五版发布。发起制定此版本的主要原因包括以下几个方面：2018 年 6 月 19 日 ISO 22000:2018 公布；国际认可论坛（IAF）确定转换至 ISO 22000:2018 的转换期为 3 年，最迟于

2021 年 6 月 29 日完成转换；为 FSSC 22000 启用一体化管理体系审核；改善以前的方案要求；遵守全球食品安全倡议（GFSI）基准要求；符合相关的认可机构要求。

（2）FSSC 22000 的范围

目前 FSSC 22000 认证领域包含以下 9 个方面：

1）动物饲养（行业类别 A）；

2）食品制造（行业类别 C）；

3）动物饲料的生产（行业类别 D）；

4）餐饮业（行业类别 E）；

5）零售和批发（行业类别 F）；

6）运输和贮存（行业类别 G）；

7）食品包装和包装材料的生产（行业类别 I）；

8）生物化学品生产（行业类别 K）；

9）FSSC 22000－质量。

（3）FSSC 22000 标志与发证数量

截至 2019 年 10 月，全球 154 个国家共颁发了 FSSC 22000 认证证书 21000 张左右，其中食品加工企业 15000 多张，食品包装制造企业 3100 多张。FSSC 22000 标志见图 1-4。

图 1-4　FSSC 22000 标志

1.3.4　食品安全与质量（SQF）认证

（1）SQF 认证的起源与发展

SQF 是食品安全与质量（Safety Quality Food）的英文缩写。SQF 标准为食品供应商提供了一整套以 HACCP 为基础的食品安全与质量管理认证方案，使他们能够满足产品追溯、法规、食品安全和质量标准要求。SQF 标准最初由澳大利亚农业委员会于 1994 年开发并加以实施。2003 年 8 月美国食品营销研究院（FMI）取得了 SQF 的所有权并建立 SQF 研究院来管理这一项目。2004 年 SQF 2000 标准获得全球食品安全倡议组织（GFSI）的认可。食品安全及质量协会（SQFI）2017 年对 SQF

标准第八版进行了修订并重新设计了认证制度，供所有食品行业（从初级生产到储藏和配送，现也包含零售商）使用，SQF 认证第八版于 2018 年 1 月 2 日正式实施。

（2）SQF 认证的范围

SQF 标准是过程和产品认证规范。SQF 标准的主要特性是强调 HACCP 的系统应用，以控制食品质量和食品安全危害。SQF 认证的实施注重采购商的食品安全和质量要求，并为当地和全球食品市场供应商提供解决方案。

SQF 标准是食品供应链各行业的食品安全规范，包括初级生产乃至食品零售与食品包装生产。SQF 认证不仅适用于大型供货商，从农场到餐厅，食品产业各个层面的每个供货商都可以获得 SQF 认证。第八版标准提供针对行业类别及各场所的食品安全系统开发阶段而制定的文件，包括：

1）初级生产的 SQF 食品安全规范；

2）食品生产的 SQF 食品安全规范；

3）储藏和配送的 SQF 食品安全规范；

4）食品包装生产的 SQF 食品安全规范；

5）食品零售的 SQF 食品安全规范；

6）SQF 品质规范。

无论是小型家族企业还是大型连锁企业都可以选择最合适的 SQF 计划。

SQF 计划包括基础计划、食品安全计划、质量计划和伦理采购计划。

（3）SQF 认证标志与发证数量

截至 2019 年 10 月，全球获得 SQF 认证的供应商约 9500 多家，其中美国的供应商有 6700 家，澳大利亚的供应商有 1000 家，加拿大的供应商 800 家，来自中国的供应商仅有 33 家。SQF 认证标志见图 1-5。

图 1-5　SQF 认证标志

1.3.5 海洋管理委员会（MSC）认证

（1）MSC的起源与发展

MSC是海洋管理委员会（Marine Stewardship Council）的英文缩写。MSC是一家独立的、全球性的、非营利的组织，其目标是通过改善海洋环境、保护渔民的生活等方法改变海产品市场，逆转全球鱼类种群的退化现象，使之成为可持续性的。MSC由海产品购货商联合利华（Unilever）和国际保护组织世界自然基金会（WWF）在1997年创立。自1999年起，MSC开始独立运作，其总部位于英国伦敦，目前已在美国、日本、澳大利亚及荷兰成立办事处。MSC支持机构包括欧洲及美国主要的零售商、制造商以及食品服务运营机构。

（2）MSC认证的范围

捕捞的海产品只有符合MSC渔业标准的才可以在销售时带有蓝色的MSC认证生态标签。获得MSC认证的海产品供应链上的任一商家都必须遵循MSC产销监管链标准，以保证带有MSC认证生态标签的海产品可追溯到一个获得MSC认证的渔业企业。

MSC的标准（包括《MSC渔业标准》）对野生捕捞渔业的可持续性进行评估。《MSC渔业标准》对所有野生捕捞渔业均适用，包括发展中国家的渔业。《MSC产销监管链标准》确保带有MSC蓝色生态标签的海产品可追溯至MSC认证的可持续渔业的源头。《ASC-MSC海藻标准》适用于环境可持续和对社会负责的海藻生产。《ASC-MSC海藻标准》对世界各地的养殖和野生捕捞海藻作业均适用。

MSC标准满足《认证和生态标签计划的全球最佳实践准则》。MSC标准由渔业企业、生态环境保护专家和利益相关方合作共同制定。

（3）MSC认证标志与发证数量

截至2019年10月，MSC在全球发证约38000张。MSC认证标志见图1-6。

图1-6 MSC认证标志

1.3.6 水产养殖管理委员会（ASC）认证

ASC 是水产养殖管理委员会（Aquaculture Stewardship Council）的英文缩写。ASC 成立于 2009 年 12 月，是由世界自然基金会（WWF）和荷兰可持续贸易行动计划（IDH）共同发起的独立的非营利组织，总部设在荷兰，负责制定水产养殖业可持续发展评判标准。ASC 依托世界自然基金会“水产养殖对话”，负责制定水产养殖全球标准，通过有效的市场机制，在整个水产养殖产业链创造价值，以此推动全球水产养殖。

2012 年 11 月 12 日，ASC 认证在中国正式启动。目前，ASC 认证已涉及包括罗非鱼、对虾在内的 15 个全球热卖海水产品。ASC 认证标志见图 1-7。

图 1-7　ASC 认证标志

1.3.7 美国最佳水产规范（BAP）认证

（1）BAP 认证简介

BAP 是美国最佳水产养殖规范（Best Aquaculture Practices）的英文缩写。BAP 认证是由美国全球水产养殖联盟（GAA）在 2003 年建立并实施的认证制度。BAP 认证是国际的、第三方的认证制度。BAP 认证证书有效期为 1 年。

（2）BAP 认证的范围

BAP 认证范围包括饲料加工厂、育苗厂、水产养殖场和水产品加工厂，BAP 认证工厂按照供应链完整程度实行星级管理（表 1-3）。BAP 认证结果获得沃尔玛、达顿集团、阿尔迪（ALDI）、波森斐儿（PACIFIC）及欧洲和日本的零售商、餐饮业和海产品经销公司等相关组织的支持和采信，并获得全球食品安全倡议组织（GFSI）的认可。2007 年我国水产养殖企业开始建立并实施 BAP 认证。

表 1-3　BAP 认证结果分级说明

星级	说明
★★★★	产品由获得认证的加工厂、养殖场、育苗厂和饲料厂生产
★★★	产品由获得认证的加工厂、养殖场和育苗厂（或饲料厂）生产
★★	产品由获得认证的加工厂和养殖场生产
★	产品由获得认证的加工厂生产

（3）BAP 认证标志与发证数量

截至 2019 年 10 月，获得 BAP 认证证书的育苗场为 250 家左右、渔场为 1700 多家、饲料厂为 120 多家，加工厂为 420 多家。BAP 认证标志见图 1-8。

图 1-8　BAP 认证标志

1.3.8　国际互世（UTZ）认证

（1）UTZ 认证简介

UTZ 是国际互世的简称。UTZ 是由两个商业伙伴在 20 世纪 90 年代成立的非营利机构（NPO），筹建人为“Nick Bocklandt”（咖啡种植者）和“Ward de Groote”（咖啡加工者）。二者在看到咖啡市场的商业利润和消费标签的影响后，设立了 UTZ 方案。2002 年 UTZ 将机构总部设在荷兰。UTZ 机构工作经费主要来自企业和社会捐助。

1999 年“Utz Kapeh”（玛雅文）认证方案启动，意思为“好的咖啡”。“Utz Kapeh”理念对咖啡的生产和加工产生了巨大的影响，成为全球范围内最可持续发展的咖啡方案之一。UTZ 积极与可持续棕榈油圆桌会议（RSPO）、国际可持续大米平台（ISRP）等机构开展国际合作。在 2007 年 3 月，"Utz Kapeh" 更名为 UTZ 认证。

（2）UTZ 认证的产品范围

UTZ 认证产品包括茶叶、咖啡和可可。认证标准包括生产良好农业规范（Code of Conduct）和监管链 / 全供应链追溯系统（Chain of Custody）。生产良好农业规范标准涵盖了从种植到烘焙等所有过程，旨在生产出对社会和环境负责的咖啡、茶叶和可可。通过实施标准，水、农药和化肥的用量将被最小化，同时生产者的生产效率将得到提高，最终为生产者提供更好的市场准入。UTZ 认证标准还包括农场管理、环境保护、员工福利以及员工可持续发展计划等，实施 UTZ 认证标准的生产者将获得经济效益和环境保护效益等。

（3）UTZ 认证的标志及发证数量

截至 2019 年 8 月，UTZ 共颁发茶叶证书 87 张、咖啡证书 600 余张、可可证书 700 余张，其中中国获得咖啡证书 7 张、茶叶证书 10 张。UTZ 认证标志见图 1–9。

图 1–9　UTZ 认证标志

1.3.9　雨林联盟认证

雨林联盟（Rainforest Alliance）总部设在美国纽约，是非营利性的国际非政府环境保护组织。雨林联盟的使命是通过改变土地利用模式、商业和消费者的行为，保护生物多样性和实现可持续生产。目前，雨林联盟正与全球近 100 个国家、地区的企业、政府和社区组织共同合作，帮助它们改变土地的利用方式、制定长期的资源利用和维持生态平衡的计划。

截至 2019 年 10 月，雨林联盟通过 32 年的工作，使得全球有超过 700 万公顷的土地通过雨林联盟的可持续认证，超过 200 万农户受益。在全球 130 个国家和地区，可以买到雨林联盟的可持续认证产品。雨林联盟认证标志见图 1-10。

图 1-10 雨林联盟认证标志

1.3.10 公平贸易认证

公平贸易是一种有组织的社会运动，它提倡一种关于全球劳工、环保及社会政策的公平性。在贴有公平贸易认证标签的相关产品之中，从手工艺品到农产品不一而足。这个运动特别关注那些自发展中国家销售到发达国家的商品。公平贸易认证标志见图 1-11。

图 1-11 公平贸易认证标志

截至 2019 年 10 月，自 1998 年以来公平贸易销售给农民和工人带来了 6.1 亿美元的收入。每年有 3500 万磅（1.6 万吨）通过公平贸易认证的可可豆在交易，它们主要来自科特迪瓦、秘鲁、多米尼加和厄瓜多尔。通过销售经过公平贸易认证的巧克力，可可生产商的社区获得了近 1400 万美元的投资，从而产生了改变当地生活的项目，如在科特迪瓦修建学校。根据报告，可可农户可在一年内获得超过 320 万美元的社区发展基金。

1.3.11 农产品有机产品（JAS）认证

JAS 是日本农业标准（Japanese Agriculture Standard）的英文缩写。JAS 认证是

日本农林水产省对食品农产品最高级别的认证，即农产品有机产品认证。JAS 认证采用第三方认证制度贯穿于认证全过程的方法，JAS 基于“CODEX”委员会（国际性机构 FAO/WHO 的合作组织）中的《有机生产的食品的生产、加工、表示及市场相关的指导标准》订立，经 JAS 认证的生产制造者可以从事有机农业生产、有机食品生产。JAS 认证标志见图 1-12。

图 1-12 JAS 认证标志

1.3.12 全球有机纺织品标准（GOTS）认证

GOTS 是全球有机纺织品标准（Global Organic Textile Standard）的英文缩写。GOTS 由国际天然纺织品协会（IVN）、日本有机棉协会（JOCA）、美国有机贸易协会（OTA）和英国土壤协会（SA）组成的 GOTS 国际工作组共同制定和发布。认证标准的目的是确保有机纺织品从有机原材料、加工以及到终产品包装的规范性，以便给最终消费者带来可信赖的产品。GOTS 认证结果已经获得美国农业部（USDA）和国际有机农业联盟（IFOAM）的采信。截至 2016 年 12 月 31 日，全球获得 GOTS 认证的实体为 4642 家。GOTS 认证标志见图 1-13。

图 1-13 GOTS 认证标志

1.4 国推自愿性认证制度国际互认情况

近年来我国食品农产品认证国际互认工作取得了实质性进展，提升了对外贸易便利程度。全球食品安全倡议组织（GFSI）已于2015年11月对中国HACCP认证制度采取了技术互认。技术互认仅限于政府所有的食品安全认证方案，与GFSI对非政府认证方案的认可不同，后者还包括对认证方案的治理和运营管理的评估。目前随着GFSI指南文件的更新换版，需要重新按照新的规则进行技术比较，以保证CHINA-HACCP能够持续地符合GFSI的要求，持续获得承认。

在有机产品认证领域，中国与新西兰签订了中新有机认证互认协议，双方在有机产品标准、认证要求、互认范围、后续监管等方面达成了一致性安排，体现了认证在促进国际贸易便利和监管合作等方面的作用。对于中方来说，一方面能够有效促进中国有机产品出口，帮助其拓展国际主流市场；另一方面能够有效规范进口有机产品认证行为和标志使用，扩大从新方进口优质有机产品，满足国内市场日益增长的有机消费需求，助推绿色发展和供给侧改革。另外中国与丹麦双方基于欧盟、丹麦法规并结合中国有机法规要求，首先尝试以乳制品为试点开展有机产品的互认工作。

目前GLOBALGAP（全球良好农业规范）更新了其承认的认可机构名单，中国合格评定国家认可委员会（CNAS）认可结果获得了GLOBALGAP的承认。由此，经认监委批准且获得CNAS认可的中国良好农业规范（ChinaGAP）认证机构可以根据相关要求申请使用GLOBALGAP的认证标准，其认证结果将得到GLOBALGAP的承认。

多边领域互认惠及我国三分之一以上的出口食品企业，将帮助出口企业跨越国外技术壁垒，有效提高我国农产品的国际竞争力，为我国农产品进入国际市场提供便利，进而改善我国目前农产品生产现状，促进我国农业的可持续发展。

第2章

CHAPTER 2

食品农产品认证的意义

2.1 促进企业管理的持续改进

认证有利于帮助企业识别质量控制关键环节和风险因子，持续改进质量管理，不断提高产品和服务质量；有利于持续保证管理体系的有效运行，从而切实加强质量管理；有利于管控风险，提高科学生产水平；有利于强化农业技术服务体系建设，加快产业科技创新步伐。开展认证所建立的标准化体系为多部门协作创建了平台，企业可从生产实际经营情况出发对风险预警指标进行选取，以此来架构出一种层次分明的预警系统，对各种风险进行实时的预防以及处理，以此让企业尽量避免风险或者是减少风险带来的损失。当前，世界各国正大力开展基于安全、绿色等要素的管理体系及产品认证制度和技术服务体系建设［如食品安全管理体系认证、食品安全全球标准（BRCGCS）认证、食品安全与质量（SQF）认证等］。在认证制度和技术服务体系的支撑下，认证实施人员充分发挥自身的价值和作用，并在各项机制的保障下，推动各项质量认证措施的落实和实施。

2.2 增进市场经济的信任传递

当前，世界上大多数国家已建立了以食品农产品质量安全为中心的标准化管理制度，通过质量认证来保证标准化管理要求的实施，在市场中传递权威可靠信息。这有助于建立市场信任机制，提高市场运行效率，引导市场优胜劣汰。食品农产品认证制度能有效减缓生产企业和消费者的信息不对称，进而提升消费者信心，缓解公众对食品农产品质量安全的担忧，并作为提升食品农产品质量安全的重要举措。

食品农产品认证是第三方认证机构根据相关标准对生产经营者的管理体系、产品或服务，结合法律法规做出科学、客观、公正的评定，让消费者通过认证证书或认证标志了解生产经营者和产品的相关信息，也让消费者和食品生产经营者有效掌握食品农产品质量安全的信息。对食品农产品生产经营企业而言，可依据法律规定和相关认证技术标准，对食品农产品整个生产过程（如播种、农事管理、收获、加工、贮藏、运输、销售等）各个环节全过程进行标准化管理，并经过第三方认证机构的客观评定，准许使用认证标志。如联合利华公司将可持续农业（SAN）认证的茶叶作为供应商的准入条件，麦当劳采购的鳕鱼要取得海洋管理委员会（MSC）的认证。相关食品农产品认证制度的实施必将促进食品农产品质量安全制度的建设，从而提高消费者对食品农产品质量安全的信任度。

2.3 保障国际贸易的顺利通行

随着传统贸易壁垒的运用空间越来越小，发达国家在国际贸易中以保护资源、环境和健康为名，制定一系列苛刻的、高于国际公认或绝大多数国家不能接受的环保、社会福利标准，限制或禁止外国产品进口，通过设置技术壁垒从而达到贸易保护的目的。由于这类壁垒大多以技术面目出现，因此常常会披上合法的外衣，成为当前国际贸易中最为隐蔽、最难对付的非关税壁垒。随着关税壁垒对贸易的影响逐步减弱，技术壁垒已逐渐成为各国争相采用的维护该国利益的手段，尤其在农产品贸易方面。而我国是农产品出口大国，受技术性贸易壁垒影响严重。例如，出口的产品未能达到目的国采信的认证标准，则失去了参与竞争的可能性或降低了竞争力，甚至可能被拒之门外。在一定程度上这些认证已经演变为发达国家的贸易保护工具。因此，企业通过认证产品才能得到大型连锁经营组织的青睐，并通过认证产品的市场溢价实现可持续发展。

食品农产品的认证标准经过多年发展，从最初小众人群的追求，到全民认可的大众产品，进一步推动了相关标准和认证的发展。当前，各国政府和跨国公司也积极推动此类标准在全球的落实。例如，联合利华公司从2000年开始针对可持续管理要求制定内部可持续农业标准，并积极与全球主要可持续发展标准组织展开合作：棕榈油采购选用可持续棕榈油（RSPO）认证产品，纸及包装制品选用可持续森林经营（FSC）认证产品，茶叶采购选用可持续农业（SAN）认证产品。作为食品行业巨头，联合利华集团采购全世界 12% 的红茶、6% 的西红柿、5% 的洋葱及大蒜、3% 的棕榈油，且这类采购已开始要求 100% 采购可持续认证产品。因此食品农产品质量安全类标准正通过以受众市场为导向，成为非强制性的“必要”准入要求。

2.4 加速品牌美誉度建设

开展食品农产品认证，是给食品农产品“冠名”和发放市场的“通行证”，是推行市场准入和质量追溯的基础，也是为全社会和广大消费者提供对食品农产品质量安全进行监督的技术依据。而食品农产品认证制度的“绿色”属性通过有效衡量产品和服务提供者的资源消耗和环境影响，进一步提振以节约资源和环境保护为特征的绿色消费行为。品牌化运作是农业和食品生产企业在贸易过程中逐步壮大和发展的必然结果，使得消费者的消费意识、社会需求也发生了重大改变：从最初的购买商品提升到购买优质商品；由最初吃饱穿暖的基本物质需求，转变为对安全、生态、健康、营养、口味等全方位的品质需求。

随着我国消费需求升级，消费者更加迫切需求品质优良的食品农产品。品牌的树立可以让生产经营企业在市场竞争中凸显内在的品质和信誉，从而提高消费者的购买黏性和忠诚度，进而强化其购买行为偏好。随之，生产经营企业对优质品牌食品农产品进行开发，打造品牌，占领市场。在这个动态的发展过程中，品牌逐步成为食品农产品的核心竞争力。如在各国开展的有机产品认证制度，依托有机产品生产过程中不使用化学合成的农药、肥料、生长调节剂、饲料添加剂等物质，遵循自然规律和生态学原理，协调种植业和养殖业的平衡，采用一系列可持续的农业技术的生产方式，使得有机产品认证的产品品牌所附带的“绿色、生态、健康、营养”等属性成为生产企业的无形资产，并能够代表食品农产品生产企业的信誉，还能够通过品牌向消费者传递信任，建立食品农产品企业与消费者的沟通桥梁。

2.5 挖掘食品农产品的贸易潜力

食品农产品认证制度丰富多样，并且针对同一产品也建立了不同层级的认证制度。例如，无公害农产品、绿色食品、有机产品就构成了农产品认证的三级金字塔：无公害农产品是金字塔的塔基，绿色食品是中间的产品，质量最优、秉持可持续发展理念的有机产品对生产加工过程要求更严格，是金字塔的塔尖。这三种认证制度有共同的基础，并相互补充，实现了从土地到餐桌的全程安全监控。各种类型的认证制度也符合不同人群的购买需求：无公害农产品满足了人们对农产品质量最基本的安全需求；绿色食品在安全、优质的基础上更进一步，满足了消费者更高品质的需求；而有机产品则强调了天然、无农残和生态友好、和谐共处的可持续发展理念，在产品安全的基础上更赋予了生产企业的社会责任。

认证赋予产品的认证标志，通过第三方认证机构的信任传递、生产企业的推广宣传、市场流通环节的可追溯控制和消费者环节的检验，可产生产品溢价。不同类型、品质、社会属性的产品在溢价方面也不同。更严要求、更符合社会发展理念的认证制度所认证的产品也具有更多的溢价。随着经济的持续发展，食品农产品的需求已由满足基本生活转变为追求绿色健康生活理念等更高层次的需求。消费者购买不同价位的产品时会慎重地评价产品的各种属性及自身的情况，包括价格属性、品牌属性、收入状况等，在此基础上进行理性的选择，最终寻找到适合自身条件的产品。认证的实施一方面保证组织和产品满足市场的基本需求，另一方面也为组织建立了高标准的管理制度进而生产出更优属性、更多附加值的产品。如有机产品认证的产品、国际互世（UTZ）认证、可持续农业（SAN）认证产品在市场中均有较高的溢价，产品溢价反馈给生产企业，从而实现良性循环。

2.6 提升市场供给效力

推行农产品质量安全认证制度，有利于引导和促进企业增强质量意识，积极采用先进标准，建立健全质量保障体系，加强质量管理，提高产品质量，增强市场竞争力；有利于促进农业生产标准化、经营产业化、产品市场化和服务社会化，加快农业增长方式由数量型、粗放型向质量型、效益型转变；有利于强化管理，规范标准化生产基地建设，导入的生产管理标准协助企业制定标准化生产基地发展规划、实施方案和管理办法，实现“工作有标准、运行有程序、检查有依据、改进有方向”。在中国已实施多年的食品安全管理体系认证制度，通过实施食品安全管理体系的要求，并结合公认的关键元素，确保了食品安全。通过认证传导反馈作用，引导消费和采购，形成了有效的市场选择机制，倒逼生产企业提高管理水平和产品质量，增加市场有效供给。

此外，食品农产品认证制度的建立也为克服国际食品农产品贸易领域的技术壁垒创造了条件，同时也有利于提高我国农产品市场的准入技术条件。因此，开展食品农产品认证工作是中国加入世贸组织后参与国际食品农产品市场竞争，推动中国食品农产品扩大出口的迫切需要。

2.7 实现企业可持续发展

随着经济的快速发展，全球生态环境进一步恶化，各国对经济的现状和发展展开了激烈讨论，逐步形成了可持续发展理论。在可持续发展的背景下，农业已不再被视为一个仅仅以种植、作物产出、销售的狭义封闭产业，而被视为在全球环境与发展格局中具有举足轻重的地位和广泛的影响。近年来，随着可持续发展理念的普及，农业可持续经营通过标准建立和认证制度实施，正在逐渐取代传统的农业生产方式，已成为全球广泛认同的农业发展方向。

食品农产品认证制度在社会、经济、文化的发展过程中，结合可持续发展理念，融入了社会责任的评估。企业的社会责任也是对自身的一项重要要求，有越来越多的企业和公司从企业社会责任（CSR）出发，通过获得相关认证表明其已经承担社会责任，这有助于提高企业自身的形象。比如获得可持续农业（SAN）认证，国际互世（UTZ）认证的企业大都重视当地居民的招聘工作，并建立了公开透明的招聘程序；此外，还通过修路，捐资助学，修建文化设施、饮水工程等为当地居民提供一定的服务或为当地经济发展做出贡献。

通过推行食品农产品认证，实施农产品市场准入制度，促进了优质食品农产品的生产和流通。例如，在中国、巴西、东南亚等国家和地区针对茶叶、咖啡产品开展的国际互世（UTZ）认证是一个典型代表。国际互世（UTZ）认证制度的建立遵循社会、经济、环境的相互连通，确保组织在农业生产活动中维持环境和社会属性。

食品农产品认证制度的建立增进了生产、流通环节和消费环节的互动，实现了产地与市场的挂钩和管理，保障优质产品获得更高售价，使农业发展进入以消费引导生产，靠市场需求拉动产品供给的良性发展轨道，从根本上推动农产品竞争力增强、农业增效和农民增收。

第3章 认证流程

CHAPTER 3

从企业的角度看，一个完整的认证周期中的认证活动基本包括：确定认证制度（或认证领域）、选择认证机构、提出认证申请、签署认证合同、现场审核、不符合项整改、认证证书和认证标志使用、保持认证要求、信息沟通、申请再认证。本书中的审核一般指审核、检查、评审等审核活动。

不同的认证制度对于认证流程的要求有明显的差异，其中包括认证申请提交资料的不同、现场审核不同阶段要求的不同、证书有效期的不同、监督审核频次不同、产品抽样的方式不同、认证标志的使用要求不同等。本章以认证的通用流程为基础阐述相关内容，具体的认证流程详见相应的认证实施规则的要求。

3.1 确定认证制度

企业应根据产品类型、生产方式、产品销售目标市场、顾客要求等因素综合考虑，选择所要申请的认证制度。确定所要申请的认证制度后还应了解相应认证制度的认证管理办法、认证依据、认证实施规则等要求。

3.2 选择认证机构

企业选择认证机构应进行综合考虑，具体因素包括认证机构的合法性、认可状态、认证机构的技术和管理能力、认证机构的品牌影响力、企业所选择相应认证制度的市场占有率、企业所在行业或产业的主要客户等因素。

《认证认可条例》第九条规定“设立认证机构，应当经国务院认证认可监督管理部门批准，并依法取得法人资格后，方可从事批准范围内的认证活动。未经批准，任何单位和个人不得从事认证活动”。即不是任何经批准的认证机构都可以做所有的认证制度。企业可通过登录全国认证认可信息公共服务平台（http://cx.cnca.cn）查询和确认认证机构的合法性及其具体批准范围内的认证业务资质。认证机构批准书中也会列出具体的认证业务范围，包括具体的认证制度。

认证机构在具体认证制度的技术和管理能力可通过认证机构认可的状态来判断。简单地说，认证机构认可是指认可机构（不同于认证机构的一类独立机构）依据法律法规，基于一定的要求（管理体系认证按照国际标准 ISO/IEC 17021 为准则，产品和服务认证机构按照 ISO/IEC 17025 为准则），对认证机构进行评审，证实其是否具备开展体系认证、产品认证或服务认证活动的能力。认可机构对于满足要求的认证机构予以正式承认，并颁发认可证书，以证明该认证机构具备实施特定认证活动的技术和管理能力。企业可登录中国合格评定国家认可委员会网站（http://www.cnas.org.cn）查询其认可能力。企业可以要求认证机构提供其通过认可的证明，即认证机构认可证书，以确认认证机构的能力。

除了认监委批准的认证制度外，认证机构为了响应市场需求，也推出了各自的自愿性认证项目。按照认监委要求，这类项目的认证实施规则必须向认监委进行认证规则备案。企业可通过登录全国认证认可信息公共服务平台查询认证机构的认证规则备案情况。

3.3 提出认证申请

企业可通过登录认证机构网站或联系认证机构相关人员，了解具体认证制度的公开文件，熟悉认证申请需提供的文件、认证合同文本样本、认证证书样本、认证证书有效期、认证收费标准、认证申投诉要求等内容。企业应按照认证机构要求提供相应的认证申请资料，并根据认证机构的要求补充或完善相关文件。认证机构同意受理后方可签署认证合同。

3.4 签署认证合同

企业根据了解到的情况，与认证机构沟通相关合同内容，如认证收费标准、认证费用收费方式等，如果涉及产品检测费的问题，也应在认证合同或其他认证申请文件中进行明确。

企业应关注认证合同中规定的双方权利和义务，具体义务和申请的具体认证制度有关系。权利和义务一般包括：企业信息通报的义务、接受认证监管部门监管的义务等，内容都是根据国家有关认证认可的规定（如认证认可条例、相关的认证管理办法、认证实施规则和认证标准）的要求来确定的。

3.5 现场审核

3.5.1 现场审核准备

3.5.1.1 确定现场审核时间

在正式的现场审核前，企业控制（管理）体系应至少运行 3 个月以上。

现场审核应在申请认证产品的生产期间进行，对于非季节性生产的产品，现场审核一般选择在产品生产风险较高的期间进行；对于季节性生产的产品，企业应加强同认证机构的沟通，确保现场审核时有生产活动。

3.5.1.2 内部审核

企业在现场审核前应确保其各项工作已经按照认证依据的要求进行建立和实施，企业应在现场审核前进行一次完整的内部审核，以对体系的适宜性、充分性、有效性进行评审，确保具备现场审核的条件。

3.5.1.3 文件审核

在认证机构确定审核组后，审核组会对企业提交的认证申请文件进行评审，审核组对企业管理体系文件中存在的问题提出反馈意见，企业根据该意见及时完成整改。有些问题需企业在现场审核前整改并经审核组确认，方可进行现场审核，企业应重视审核组提出的问题并积极整改。

3.5.1.4 与审核组的沟通

认证机构会按照认证实施规则的要求提前几个工作日（一般为 7 个工作日以上）通知企业具体审核安排或审核计划，企业应积极关注审核组提出的任何与审核相关的问题和疑问，做好解释或整改。

企业如因审核组成人员存在公正性、独立性等原因时，可与认证机构沟通调整审核组人员。企业不能以审核员现场要求较为严格为理由而要求调整审核组人员。

3.5.2 现场审核过程实施

3.5.2.1 首次会议

现场审核首次会议应由审核组长主持，确认审核范围、审核目的、审核依据、审核方式、审核安排、审核所需资源、不符合项分类、终止现场审核条件等，宣布审核员健康状况、公正性、独立性和注意事项，确定企业的陪同人员及末次会议召开的时间。

3.5.2.2 现场审核内容

审核组通过现场观察、询问及资料查阅等审核方式实施现场审核，审核内容应覆盖认证依据的全部内容，一般包括生产环境、现场操作、设备设施、人力资源文件管理、记录执行、管理体系运行、产品检测 / 质量等内容。

现场审核过程如发现重大的与认证依据不符合的情况，审核组会终止现场审核活动，现场审核结论为不通过。

3.5.2.3 末次会议

末次会议上审核组会报告现场审核结论，结论一般分为：

1）现场审核未发现不符合项的，现场审核结论为通过，推荐发证；

2）现场审核发现不符合项的，受审核方可以在约定时间内完成整改的，现场审核结论为验证合格后通过，推荐发证；

3）受审核方未能在规定时间内完成整改或未通过验证的，认证活动终止，不推荐发证。

现场审核没有开出不符合项，只代表企业已通过现场审核，不代表已满足发证要求，认证机构会对企业和审核组提交的全部资料进行合格评定，是否颁发证书以认证机构最终的合格评定结果为准。

3.5.2.4 产品安全性验证

在现场审核中审核组需要通过对申请认证产品进行抽样检验的方法验证产品的安全性。

抽样检验可采用以下 3 种方式之一：

1）委托具备相应能力的检测机构完成；

2）由现场审核人员利用申请人的检验设施完成；

3）由现场审核人员确认由其他检验机构出具的检验结果的方式完成。

抽样检验的方式与认证类别、认证机构、审核组、企业和产品特性等因素相关，如有机产品认证需按照第 1）种方式实施，食品安全管理体系认证采取其他方式实施。企业应在现场审核前积极与审核组沟通，确保审核现场有足够数量的产品，满足抽样的条件。

3.6 不符合项整改

企业应重视审核组在现场审核中发现的不符合项，企业应认真分析不符合项发生的深层次原因、举一反三，提出纠正措施或纠正措施计划，应按照相应认证实施规则的时间要求实施整改，提交整改证据。同时企业还应在下一次的管理评审中对不符合项整改的有效性进行评审。

不符合项整改合格不代表企业已通过认证，认证机构会对认证审核档案进行合格评定，是否颁发证书以认证机构最终的合格评定结果为准。

3.7 认证证书和认证标志使用

3.7.1 认证证书及其使用

认证证书是指产品、服务、管理体系通过认证所获得的证明性文件。认证证书包括产品认证证书、服务认证证书和管理体系认证证书。

企业可通过登录全国认证认可信息公共服务平台（http://cx.cnca.cn）查询企业获证信息。

获得认证的组织应当在广告、宣传等活动中正确使用认证证书和有关信息。获得认证的产品、服务、管理体系发生重大变化时，获得认证的组织和个人应当向认证机构申请变更，未变更或者经认证机构调查发现不符合认证要求的，不得继续使用该认证证书。

不得利用产品认证证书和相关文字、符号误导公众认为其服务、管理体系通过认证；不得利用服务认证证书和相关文字、符号误导公众认为其产品、管理体系通过认证；不得利用管理体系认证证书和相关文字、符号，误导公众认为其产品、服务通过认证。

3.7.2 认证标志及其使用

认证标志是指证明产品、服务、管理体系通过认证的专有符号、图案或者符号、图案以及文字的组合。认证标志包括产品认证标志、服务认证标志和管理体系认证标志。

自愿性认证标志包括国家统一的自愿性认证标志和认证机构自行制定的认证标志。图 3-1 为中国统一的有机产品认证标志（有机产品认证标志的图形和颜色参见 GB/T 19630—2019《有机产品　生产、加工、标识与管理体系要求》）。

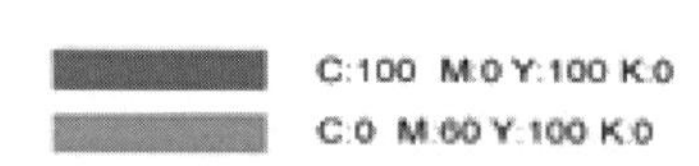

图 3-1　中国有机产品认证标志

获得产品认证的组织应当在广告、产品介绍等宣传材料中正确使用产品认证标志，可以在通过认证的产品及其包装上标注产品认证标志，但不得利用产品认证标志误导公众认为其服务、管理体系通过认证。

获得服务认证的组织应当在广告等有关宣传中正确使用服务认证标志，可以将服务认证标志悬挂在获得服务认证的区域内，但不得利用服务认证标志误导公众认为其产品、管理体系通过认证。

获得管理体系认证的组织应当在广告等有关宣传

中正确使用管理体系认证标志，不得在产品上标注管理体系认证标志，只有在注明获证组织通过相关管理体系认证的情况下方可在产品的包装上标注管理体系认证标志。

未通过认证，但在其产品或者产品包装上、广告等其他宣传中，使用虚假文字表明其通过认证的，地方认证监督管理部门应当按伪造、冒用认证标志、违法行为进行处罚。

对于获证企业来说，不同的认证制度对于认证证书和标志的使用还有着额外的详细规定，鉴于认证标志还包括认证机构自行制定的标志，企业在产品包装宣传和使用认证证书和标志信息时，务必联系认证机构，确认使用方式合理性。

3.8 保持认证要求

不同的认证制度，证书有效期不同，一般为 1 年至 3 年。为保持认证证书资格，企业需要在一定时间间隔内接受现场监督审核，监督审核通过后方可继续保持认证要求。表 3-1 简要地列出了目前我国食品农产品认证制度的证书有效期和现场监督审核频次和要求。

表 3-1 食品农产品认证制度一览表

序号	认证领域	证书有效期	现场监督审核频次和要求
1	有机产品认证	1 年	12 个月
2	绿色食品认证	1 年	12 个月
3	食品安全管理体系（FSMS）认证	3 年	12 个月
4	危害分析与关键控制点（HACCP）体系认证	3 年	12 个月
5	良好农业规范（GAP）认证	1 年	12 个月
6	乳制品生产企业良好生产规范（GMP）认证	2 年	至少一次不通知监督审核，首次监督审核应在初次认证审核后的 6 个月内实施

国家认证监管部门、认证机构会在风险评估的基础上针对获证企业实施一些不定期的跟踪检查，企业应积极配合。

企业在持有认证证书期间，如有违反认证相关规定情况，认证机构应根据相应规定暂停或撤销企业的认证证书。

3.9 信息沟通

企业应按照具体的认证实施规则、认证合同的约定，根据认证机构的要求，当发生重大食品安全事故或组织经营发生重大变化等情况时，积极联系认证机构，沟通相关事件信息，以满足认证相关法规的要求。

企业未能按照认证相关规定进行信息通报，会导致证书暂停或撤销。

3.10 申请再认证

在认证证书有效期满前 3 个月，企业应向认证机构提交再认证相关资料。再认证程序一般同初次认证流程一致，具体认证制度要求有细微差别。

3.11 典型认证流程图

认证流程会随着认证制度和认证机构的不同而不同。图 3–2 以有机产品认证为例介绍产品认证流程，图 3–3 以食品安全管理体系（FSMS）认证为例介绍管理体系认证流程。

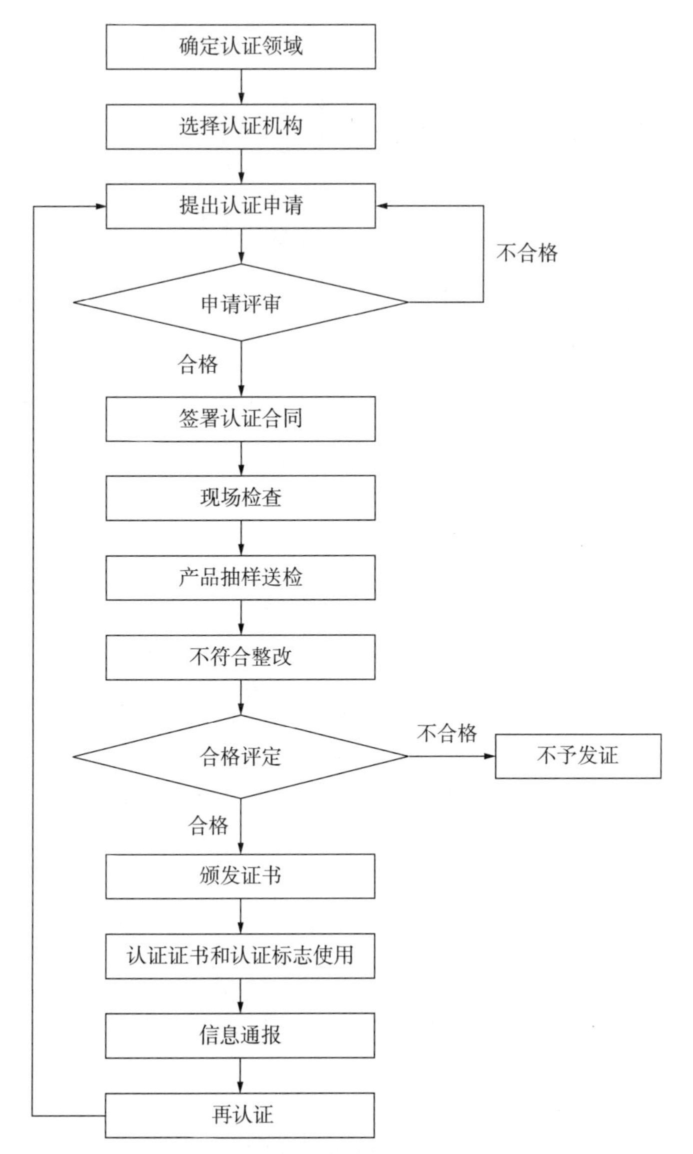

图 3-2　有机产品认证流程图女

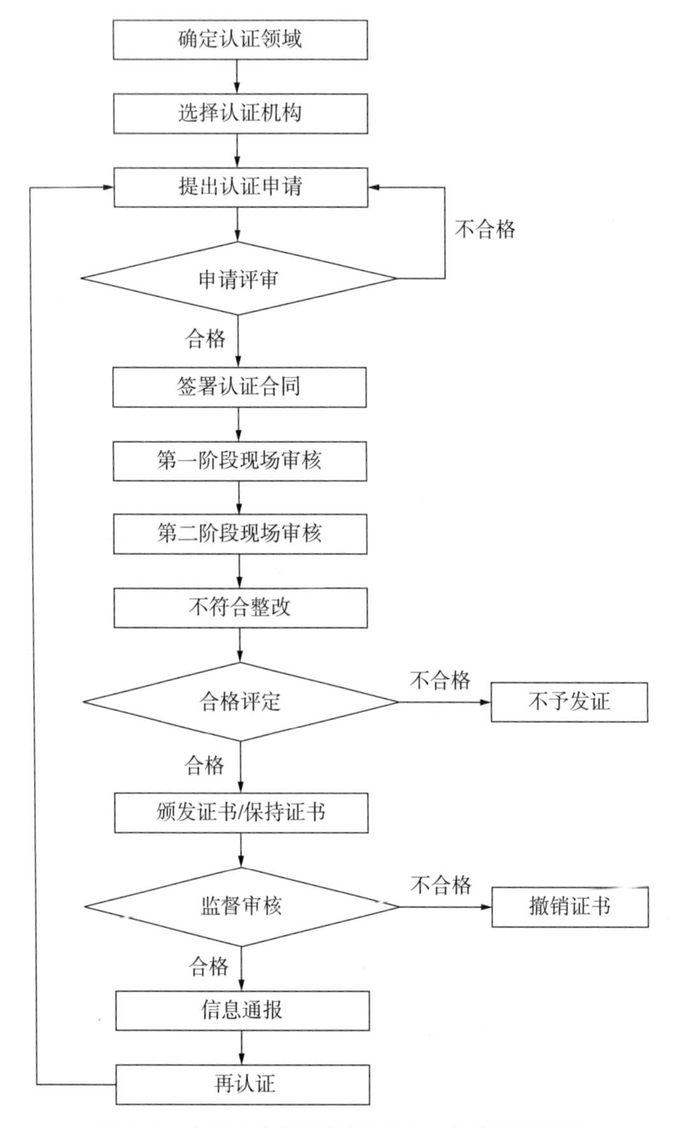

图 3-3　食品安全管理体系（FSMS）认证流程图

第4章

CHAPTER 4

体系的建立和实施

目前，由于管理的需要或客户的需求，很多食品农产品生产经营企业都按照相关标准或客户的要求建立、实施和保持相适宜的管理体系。管理体系应符合企业的管理战略和发展方针，达成企业的管理目标，规范企业内部管理活动，持续为客户提供安全合格的产品或服务，增强消费者信心，促进企业的持续发展。虽然不同的管理体系的建立和实施所依据的标准或要求有所不同，但基本上遵循管理体系建立所需的前提、建立、实施和保持改进等几个步骤。

4.1 体系的建立前提

4.1.1 确定管理体系及其建立的依据

本部分所指的管理体系建立的依据主要包括食品安全管理体系（FSMS）认证、危害分析与关键控制点（HACCP）体系认证、有机产品认证、绿色食品认证、良好农业规范（GAP）认证、乳制品生产企业良好生产规范（简称乳制品 GMP）认证所适用的法律法规、认证标准、产品标准、客户要求等。一个企业的体系就是在确定的发展战略方针和管理目标基础上，通过对企业内各种过程或活动（通常包括管理过程、支持过程、核心生产和品质控制过程或上述活动等）进行管理来实现的，因而应明确过程管理的要求、管理人员的职责、实施管理的方法以及管理所需的资源等内容。因此，企业应首先确定需要建立哪一个或哪几个管理体系，是分别建立相应的管理体系，还是将体系结合起来建立一个管理体系，再根据确定的目标管理体系建立所适用的相关依据。

4.1.2　经营的合规性

食品农产品生产经营企业在体系建立的准备阶段，应收集与建立体系相关的依据，包括法律法规、标准等有效版本或从客户处获取的要求，以作为体系建立的合规性要求。

企业要按照我国或产品消费地的法律法规要求完成合规性要求其需要办理的相关资质和（或）许可，如营业执照、食品生产许可证、出口食品生产企业备案证明等，一般要求的对象是合规注册的食品农产品生产实体，如生产加工企业、合作社、生产协会、贸易公司、物流公司等。

对于建立有机产品认证和良好农业规范认证体系的实体，涉及相关生产基地或小农户时，生产单元还应同其签署相关合同或协议，形成有利益关联的经营组织。

4.1.3　组织结构

企业要建立可体现企业管理架构的组织结构图，应明确划分职责，确保企业内部管理的责任落实到位。常见的企业组织结构形式有“公司（工厂）”（图 4-1）、“公司 + 农户”（图 4-2）、“公司 + 加工组织 + 基地”（图 4-3）、“公司 + 加工组织（含基地）+ 农户”（图 4-4）、“专业合作社（协会）+ 农户”（图 4-5）等。

对于农业生产企业而言，若建立管理体系的是一个由多个农业生产经营者组合在一起的生产模式，其核心管理层的组成至关重要，不仅担负着整个经营组织的行政管理，更重要的是负责经营组织内所有成员、所有基地、所有食品农产品生产的技术指导。

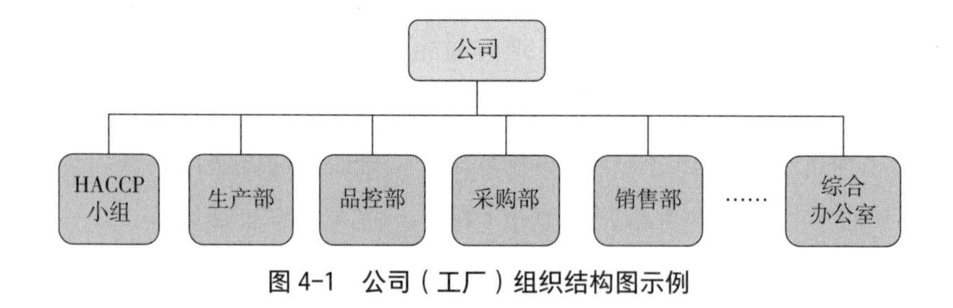

图 4-1　公司（工厂）组织结构图示例

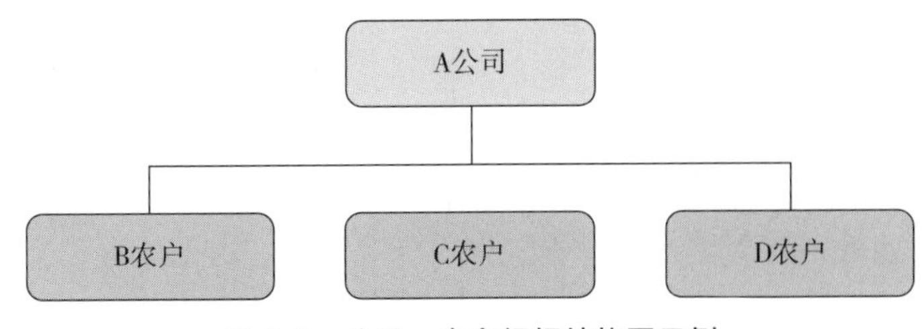

图 4-2 公司 + 农户组织结构图示例

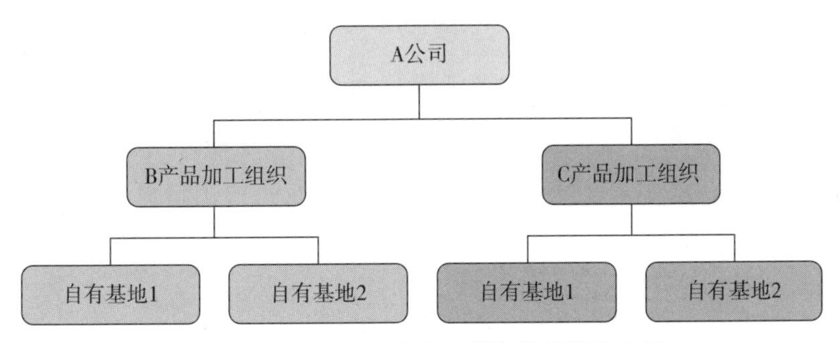

图 4-3 公司 + 加工组织 + 基地组织结构示例

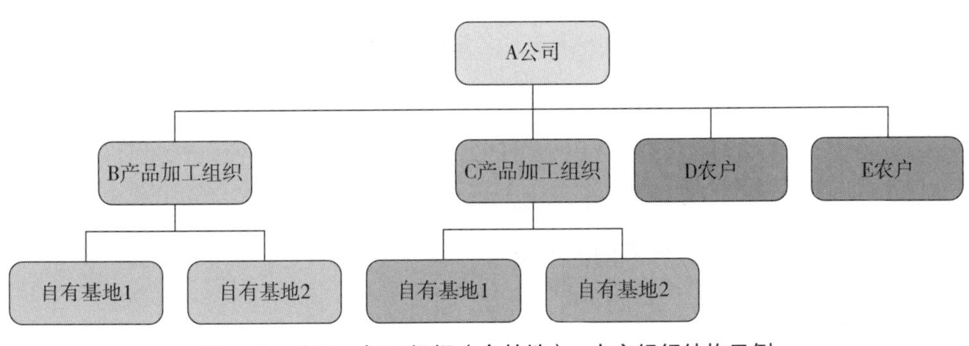

图 4-4 公司 + 加工组织（含基地）+ 农户组织结构示例

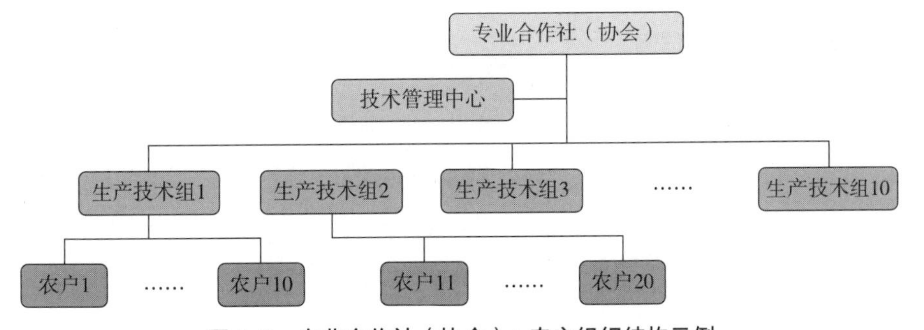

图 4-5 专业合作社（协会）+ 农户组织结构示例

4.2 体系的建立

4.2.1 成立体系管理小组

为了有效地策划管理体系的建立工作，企业需要在内部成立一个策划和推进体系的专项机构——体系管理小组。

体系管理小组负责管理体系的策划、建立、实施、保持和更新。体系管理小组的成员应覆盖管理体系范围内的产品或服务的生产过程和过程条件，具有基本的理论知识和实践经验，熟悉相关法律法规和标准等要求。若缺乏这些知识和经验，应从其他途径获取专家的意见。企业可以聘请外部专家作为体系管理小组的成员，外部聘请专家参与建立实施管理体系时，应以书面的形式确定专家的相关责任和权限。

体系管理小组成员可由生产、质量保证、检验、采购、种植 / 养殖基地、销售、贮存、研发等相关部门的人员组成，特别是对于有机产品认证和良好农业规范认证的企业需要纳入种植、养殖基地的负责人和技术人员成为体系管理小组成员。企业的最高管理者应亲自参加或至少指派一名最高管理者代表参加体系管理小组工作，以体现“领导作用”的质量管理原则。企业的最高管理者应确定一名体系管理小组中的成员作为负责人主持体系管理小组的工作，规定其职责和权限，以保证管理体系的建立、实施、保持和更新，向最高管理者报告管理体系运行的充分性、适宜性和有效性，组织实施管理体系的内部审核、管理评审，以此作为管理体系保持和更新的基础。

4.2.2 建立体系的准备工作

4.2.2.1 确定管理体系范围

体系管理小组开展工作时，应首先明确管理体系所覆盖的范围：产品和（或）服务的活动和过程、实际位置场所、涉及范围覆盖产品和（或）服务的企业内部管理框架。需要确定适宜的企业内部管理框架，以达到管理的有效性，管理框架一般包括生产、加工、检验、采购、销售、贮存等部门或人员。若有机产品认证、良好农业规范等含有种植 / 养殖基地的，还需要包括基地负责人和基地技术人员，各部门的职责和义务必须清晰明确。企业应将管理体系所确定的覆盖范围形成文件。

4.2.2.2 确定管理体系的方针和目标

体系管理小组应结合企业最高管理者对企业发展的战略构想和发展方向制定文件化的管理体系方针和目标，并经企业最高管理者审核并批准。

4.2.2.3 企业现状调研

围绕管理体系的范围，评价企业现状和管理实际，开展以下调研工作：

1）梳理既有组织机构图、职责划分与职责描述；

2）围绕拟认证业务活动的资源状况调查（公司现有的人员能力、基础设施、监测设备、工序控制能力的一致性水平或种植养殖水平等）；

3）收集整理既有的文件、记录，建立清单，收集相关法律法规、行业要求和客户要求，开展业务活动的过程及建立其流程图；对于存在基地的情形，还需要确定生产场所，应按比例绘制生产单元或加工、经营等场所的位置图，包括地块分布、生产区域和主要标示物；

4）相关方及其需求的识别，以往企业和同行业的投诉处理情况等；

5）形成并提交调研报告（包含差距分析）。

4.2.2.4 管理体系的建立计划

体系管理小组应根据管理体系的范围、方针和目标，结合调研的结果，为管理体系的建立做出计划安排，计划中明确任务、分工、接口和时间安排等事项。在计划实施前，需要强调组织体系管理小组成员进行管理体系策划和建立的调研工作，调研企业目前的管理运行实际，以便制定出合理的体系建立计划。

4.2.2.5 经营风险和机遇的识别

企业应对经营管理过程中的风险和机遇进行识别，分析所处的内外部环境和行业动态。结合公司最高管理者制定的战略发展方针，识别和分析企业经营活动的内外部的风险和机遇，需要采取相应的应对措施予以管理控制，以减少企业发展风险和扩大发展机遇。

对于体系建立的范围内存在种植 / 养殖基地（如良好农业规范认证、有机产品认证等）的情况，应对基地及处理场所生产现场的产地环境条件、生产条件以及关键生产环节进行风险评估，针对高风险环节规定相应的控制措施。

4.2.2.6 相关法律法规和标准的收集

企业应按照所建立的管理体系，收集相关法律法规、认证标准、产品标准、客户要求等，获取的途径可多样化，如官方主管部门、互联网、客户等。收集的法律法规要注意及时更新。

4.2.3 体系文件的编制要求

体系通常是通过文件化的形式表现出来的。所谓建立文件化的体系，就是按认证标准的要求，编写企业的管理体系文件。管理体系文件一方面是企业的“法律法规”，用来规范每位员工的行为；另一方面又是企业的作业指导书，指导企业如何去生产、去操作，以及发生问题时如何去处理。文件化的管理体系，是管理体系存在的基础和证据，是规范生产和员工的行为，实现管理目标的依据。

管理体系文件具有法规性、唯一性、适用性、见证性等作用和特点。所谓法规性是指管理体系文件一旦批准实施，就必须认真执行，文件如需修改，需按规定的程序执行，文件是评价管理体系实际运作符合性的依据。所谓唯一性是指一个企业或企业在一种管理活动中只能有唯一的管理体系文件系统，一般一项活动只能规定唯一的程序，一项规定只能有唯一的理解，因此不能使用重复或无效的版本。所谓适用性是指种植 / 养殖场所应根据各自的种植养殖类型、生产任务和特点，制定适合自身管理方针以及生产特点和需要的、具有可操作性的管理体系文件。所谓见证性是指各项管理活动具有可追溯性和见证性，通过各项记录为社会提供各种管理活动的公正数据，及时发现管理体系偏离的未受控环节以及管理体系的缺陷和漏洞，对管理体系进行自我监督、自我完善、自我提高。

企业建立的管理体系文件既要做到符合企业的实际运转情况——即适宜性，又能规范企业内部的管理活动——即规范性，同时又具备可操作性。适宜性、规范性、可操作性是管理体系文件制定的内在要求。建立管理体系文件的前提是需要确保其与企业的适用的法律法规及要求协调统一，不能有任何相矛盾的地方。通俗地讲，管理体系文件需要同企业经营运转的实际情况相适宜，可以指导实际工作的开展，简洁易懂且有效。

4.2.3.1 文件编制的前提

体系文件编写不是一蹴而就的，需要根据认证标准要求和企业特点进行相应准备，包括对文件编写的培训；需要对编写人员就管理体系标准中的文件管理要求、编写方法、文件编写原则、文件编写内容等进行培训。培训要做到对编写实践工作起到指导作用。文件编写工作应至少要做到以下几点：

1）人员到位：概括讲是“一人组织，几人精通，全员参与”。文件编写首先指定一人进行编写任务的分配，构建认证企业管理体系文件的整体框架，由于文件要求专业技术性较高，参与编写的人员必须有关键几人既精通认证标准，又熟悉认证产品的技术要求，全员参与是便于文件定稿后的实施工作。企业应对文件编写人员进行培训，组织学习体系文件编制原则和方法。企业的人员应分布在公司的各个主要部门，必要时涉及关键岗位。

2）明确标准：收集管理体系建立的标准、法律法规等要求，编写的文件需要做到同标准相符合，不能冲突。

3）精心策划：根据管理体系覆盖范围内的产品和（或）服务需要达到的标准要求和产品消费市场的要求，识别与体系相关的管理活动、覆盖的职能部门，确定部门之间工作接口，明确各部门职责权限和工作内容，全面开展文件化体系的编写工作，同时确定体系文件的编写格式。

4）考虑体系兼容性：分析企业已实施的管理体系，考虑管理文件的兼容性，避免重复建立文件。

4.2.3.2 文件编制的原则

（1）系统协调的原则

管理体系各要素之间具有一定的相互依赖、相互配合、相互促进和相互制约的关系，形成具有一定活动规律的有机整体。在编写管理体系文件时必须树立系统的观念，应站在系统的、全食品链的整体角度，如从种植养殖场整体出发进行设计、编排，接口要严密、相互协调、构成一个有机的整体。

（2）科学合理的原则

管理体系文件的科学性主要体现在与标准的一致性，合理性则要求符合种植/养殖和管理工作的规律和特点，有利于管理方针的实现。

（3）可操作性的原则

管理体系文件编写时，始终要考虑到可操作性，便于实施、检查、记录和追溯。根据企业需要，既覆盖标准又能够实施。做到“该说的要说到，说到的一定做到”，不要写入不切实际的内容。

4.2.3.3 文件编制的内容

认证企业建立的体系文件包括：管理手册、程序文件、作业指导书（规程、计划、方案等）、记录表格、外来文件（法律法规清单）等。编制的体系文件的数量多少，取决于企业本身的管理规模和管理水平。

4.2.4 体系标准导入培训

为了让人力资源现状同企业的发展战略相匹配，使企业的人员在管理目标上达成共识，使各岗位人员具备高水平完成本职工作所需的知识、技能、态度、经验，能更好地完成管理体系的策划建立工作，需要开展管理体系标准导入培训。企业培训工作需要明确培训的对象、培训的内容（包括重点专项内容）、培训需要达到的效果等。

（1）培训对象：体系管理小组及企业全体成员

企业的最高管理者应确保成立企业的体系管理小组，明确体系管理小组各成员的职责和权限，以体系事宜为主。管理体系小组成员来自企业的各个核心部门，特别是生产和质量技术管理部门，应在体系运行过程中落实职能，落实标准条款在该部门的切实运行。所以需要首先对体系管理小组开展标准的导入培训，其次需要在企业的全体成员中开展标准的导入培训，需要做到“人人参与”的管理原则。

（2）培训内容：重点是管理体系标准

组织相关人员进行培训，把握管理体系标准的内涵要求、重要性、体系建设方法和运行要求。获取标准等相关文件，如ISO 22000、GB 14881、GB/T 27341、

HACCP 认证补充要求 1.0、GB/T 19630《有机产品标准》及《有机产品认证实施规则》《中国良好农业规范认证实施规则》、GB/T 20014《良好农业规范》系列标准、GB 12693 和 GB 23790 等。上述标准可在中国标准在线服务网（https://www.spc.org.cn）进行查阅，或可以通过认证机构获取，也可通过相关途径购买或者下载，亦可对同行业认证企业进行参观学习，理解标准知识在企业的实际运用。重点是对需要运转实施的管理体系标准做深入培训，让标准的要求在企业内得到深刻理解和应用。其次，要对全员开展建立管理体系文件的培训。

（3）内部审核培训

企业选定的内部审核人员需要开展标准知识及审核知识专项培训。内部审核人员应熟悉标准、公司基本情况及各职能部门间的关系等。必要时培训后需要开展考核工作，考核培训的效果，以确保内部审核人员具备实施内部审核的能力。

（4）培训的效果

经过管理体系标准导入培训后，参与培训的人员需要能在后续管理体系建立、实施、保持和更新等过程中胜任被分配的工作任务。

4.2.5 资源的配置

在编制体系文件的同时，企业应按照行业的相关法律法规要求或相关方特定要求对生产场所进行硬件方面的资源配置。企业亦可向同行业在执行法律法规方面的优异者学习，深入做好法律法规要求等方面的比对工作，如食品加工行业的良好操作规范，应识别出自我硬件不足之处并进行硬件改进工作，做好工厂和车间的布局安排及硬件配置工作。

企业的资源配置需要和企业的战略发展定位相匹配，包括厂区、厂房、车间布局、生产线的设备设施、设备的选型和安装、实验室的布局与建造、生产工艺和产品执行标准、产品实现的专业技术能力、梳理加工工序的加工一致性水平、人员能力等。企业经过上述的识别和分析，进一步优化补充资源，使资源配置充分满足体系的要求。资源的配置还需要考虑资金的支持，完成资源补充的时间因素等。

对于存在基地或处理场所的认证（如有机产品认证、良好农业规范认证等），还需要考虑种植 / 养殖基地的办公资源、库房资源（如农药库、肥料库、工器具库等）、各种标识牌、洗手消毒设施等资源的配置。

4.2.6 体系文件的编制

管理体系的建立包括确定管理体系覆盖的范围，确定企业从战略发展构想和发展目标基础上得出的管理体系的方针和目标，结合管理体系认证标准的要求从而梳理出企业实际生产及品质保障过程的作业流程和规范文件，适用时要将管理延伸到范围覆盖的基地（如有机产品认证、良好农业规范认证等）。特别是需要在体系建立过程中改进调研结果（调研报告）显示的不足之处，融合企业经营活动中的风险和机遇识别的结果，对照相关法律法规和标准要求而制定一系列的行政管理规定和流程，建立相应的内部自我检查评估机制，确保相关管理规定和流程能有效执行，且不断自我总结和改进，以确保管理体系得以持续改进。管理体系的建立以体系文件的形式呈现，但文件化的表达形式不是唯一形式。

（1）编制完成体系文件

将准备建立的管理体系确定的范围进行文件化的表述。在编制管理体系文件时，应首先明确管理体系范围，包括产品、过程、场所及基地等。确定企业的管理体系范围，必要时在明确产品和生产线后，应重点明确已确定的产品和生产线所需参与的部门和人员。在管理手册等文件中明确表达管理体系的范围。

企业应根据自身管理实际和管理体系标准要求，确认初步需要制定和建立的体系文件的内容，体系管理小组做好文件编制工作的分工。

体系管理小组组织完成管理体系文件（如管理手册、程序文件、作业指导书、记录、外来文件等）的编制和梳理工作。管理体系小组进行编写任务的分配、分工，构建认证企业管理体系文件的整体框架。文件编制人员既要求具备认证范围相关专业技术和认证产品相关技术，又应熟悉与管理体系相关的认证标准。企业建立文件时应考虑组织机构分工、产品特点及复杂程度、生产规模、人员能力等因素，根据企业现状分析的结果进行体系文件编制，使之符合企业现状，编制的主要体系文件内容见本章 4.5。

（2）体系文件审定

体系管理小组应对各项体系文件逐一进行评审、修订，还应系统化地评审体系文件的适宜性。

（3）体系文件批准发布

对经审核、批准的体系文件由企业最高管理者进行发布，并受控分发。

4.3 体系的实施

4.3.1 体系试运行

企业各部门按照管理体系的要求试运行管理体系，按照体系文件要求开展工作，收集对体系运行的意见和建议，提交体系管理小组修订文件，使之能适宜企业特点。体系试运行至少 3 个月。对管理体系试运行过程中各部门和过程提出的修订意见和建议，由文件管理负责部门或人员按照标准的要求定期进行受控更改，以提升管理体系的适宜性。

4.3.2 体系实际运行

企业的各个部门、各级人员需要按照管理体系的要求开展日常的管理和生产的实际运行。每项工作均需要有完成的目标、完成的路径和方法及时间要求，完成的结果应有评价机制予以考核。文件是管理体系呈现的方式之一。企业的全员均需要按照管理体系的要求运行，重点关注体系在车间、生产场所、种养殖基地等基层的运转实施。农产品认证运行期适宜安排在农产品生产时（特别是包含基地的运转管理的情形）。

4.4 体系的保持和改进

改进是指改善过程的有效性和结果的活动，而持续改进是增强满足认证标准要求的符合性和有效性的循环活动。企业最高管理者需要关注体系的保持和改进，利用包括但不限于方针和目标的考核、数据分析、不合格的控制、内部审核、管理评审等手段持续改进管理体系。在此，重点描述内部审核、管理评审两项改进管理体系的活动。

4.4.1 内部审核

管理体系运行 3 个月以上，企业方可对体系实施内部审核，自我诊断体系与标准和运行实际情况的符合性。内部审核是企业对管理体系所有要素的全面自我审核，主要针对与管理体系有关的所有部门。内部审核工作由内部审核员完成，内部审核应确保客观公正。内部审核工作按照策划、实施、总结改进等几个环节完成，内部审核全过程的资料应按照文件管理要求归档保存备查。

4.4.1.1 内部审核策划

内部审核策划应形成内部审核计划，根据拟审核的活动（过程）和区域的状况和重要程度，及以往内部审核的结果，由内部审核过程负责人员策划年度审核计划，经企业最高管理者批准。一般情况下内部审核每年至少一次。审核人员最好是接受过内部审核员培训并经考核合格，具备内部审核能力的人员实施。应指定一名具有内部审核能力并有较强独立工作能力的人员担任内部审核组长。内部审核人员应与被审核部门无直接责任关系，独立于被审核部门。由内部审核组长编制《内部审核实施计划》交体系管理小组审核，企业最高管理者批准。其内容主要包括审核目的、范围、审核准则和引用文件、审核组成员、审核日期、地点、受审部门及审核要点、预定时间、持续时间（包括各种内部审核会议）等。内部审核组长组织内部审核员编写《内部审核检查表》，可按部门也可按企业的过程编制检查表，以助于内部审核员明确审核重点、方向和路径，把要提的问题事先提出来，保持内部审核工作的连续性和有效性。内部审核组长于内部审核开始前将内部审核计划安排通知受审核部门，受审核部门对内部审核时间如有异议，应在内部审核前同内部审核组长沟通并达成一致。

4.4.1.2 内部审核实施

按照内部审核计划安排的日程，实施内部审核。内部审核的工作有首次会议、开展内部审核及得出审核结论、末次会议等工作。首次会议的参会人员一般为企业的管理层、内部审核组成员及各部门负责人或过程负责人员，与会者签到，审核组长主持会议。会议内容：由组长介绍内部审核目的、准则和范围、计划、原则、组员和内部审核日程安排及其他有关事项。现场审核：内部审核组根据《内部审核检查表》对受审部门管理体系符合标准要求程度和执行情况进行现场审核，将体系运行效果及不符合项详细记录在检查表中；审核中发现不符合时，应当场取得受审核部门陪同人员或负责人对不符合事实的确认，若出现意见分歧，审核员要耐心说明，仍有异议由内部审核组长提请体系管理小组仲裁。内部审核时审核员要公正而又客观地对待问题。现场审核后，审核组长召开审核组会议，综合分析检查结果，依据标准、体系文件及有关法律法规要求，编写不合格项报告。末次会议参加人员主要有领导层、内部审核组成员及各部门管理人员或过程管理人员等，参会人员签到，审核组长主持会议。会议内容包括内部审核组长重申审核目的、准则和范围，报告审核中发现的管理体系运行中的优点和成绩，明确不符合项及不符合项的性质，提出完成纠正措施的要求及日期，并对企业管理体系运行状况做出总结。

4.4.1.3 内部审核的总结改进

形成内部审核报告，跟踪内部审核不符合项的改进并确认改进工作的有效性，适时总结此次内部审核过程的优缺点，下次开展内部审核工作时，从策划、实施、检查、改进等四个环节融合此次总结的内容。现场审核后由内部审核组长完成《内部管理体系审核报告》，交体系推进小组对其评审和批准。内部审核报告内容包括受审核部门、审核目的、范围；审核所依据的准则、文件和资料；审核概述，包括现场审核活动实施的日期、地点等；审核发现，包括不合格项目的数量、分布情况、严重程度等；审核结论，包括评价意见和改进建议。《内部管理体系审核报告》发放至相关领导和部门，有要求时应对全体员工公示，并提交管理评审。跟踪和验证：被审核区域的负责人应针对收到的《内部审核不符合项报告》，及时制定纠正措施并实施。审核员负责对实施结果进行跟踪和验证，重点是针对审核发现的问题进行原因分析、整改并进行跟踪验证，防止再发生。验证结果需要填写在《内部审核不符合项报告表》相关栏目内并签名确认，同时附上各不符合项采取纠正措施的见证材料。

4.4.2 管理评审

由最高管理者主持管理评审，管理评审工作一般以会议的形式开展。各部门管理评审会议前应准备会议上需要使用的材料，材料可以结合公司例会，对前阶段体系运行情况进行评价，管理评审报告应对体系试运行期间的适宜性、充分性和有效性进行综合评价，必要时采取纠正和纠正措施，持续改进管理体系。管理评审工作按照策划、实施、总结等几个环节开展工作。

4.4.2.1　管理评审策划

每年至少进行一次管理评审，可结合内部审核后的结果进行，也可根据需要安排。每次管理评审前需编制《管理评审计划》，经企业最高管理者批准。计划主要内容包括评审时间、评审目的、评审范围及评审重点、参加评审部门（人员）、评审依据、评审内容等。

4.4.2.2　管理评审输入内容

策划和实施管理评审时应考虑下列内容：

1）以往管理评审所采取措施的情况。

2）与管理体系相关的内外部因素的变化。

3）下列有关管理体系绩效和有效性的信息，包括其趋势：

①顾客满意和有关相关方的反馈；

②管理目标的实现程度；

③过程绩效以及产品和服务的符合情况；

④不符合及纠正措施；

⑤监视和测量结果；

⑥审核结果；

⑦外部供方的绩效。

4）资源的充分性。

5）应对风险和机遇所采取措施的有效性。

6）改进的机会等。

4.4.2.3　管理评审输出

管理评审的输出应包括与下列事项相关的决定和措施：

1）改进的机会；

2）管理体系所需的变更；

3）资源需求等。

由企业最高管理者主持管理评审会议，对会议的输入内容展开逐一的评审，按照标准要求输出的内容结合企业的实际运转效果，得出管理评审的输出结果。企业需要在管理评审末次会议结束后，由管理体系小组负责人根据管理评审输出的要求进行总结，编写《管理评审报告》，交企业最高管理者审批后发布执行。本次管理评审的输出可以作为下次管理评审的输入。作为管理评审输出的任何决定和措施应在企业内得到充分沟通。

4.5 体系主要文件框架

4.5.1 体系手册

体系手册是阐明企业的管理体系方针并描述其管理体系的纲领性文件。可以根据公司现状结合管理体系标准特点，形成符合管理体系标准以及企业实际特点的手册，如公司的方针、目标、管理体系覆盖的范围、组织机构分工、识别的内外部环境、相关方需求、过程清单，以及风险识别和应对措施，按照标准要求而展开的企业各要素管理综述等。

4.5.2 程序文件

根据管理体系标准要求建立程序文件。通常包括但不限于以下通用的程序文件：文件控制程序、记录控制程序、管理评审控制程序、人力资源控制程序、采购控制程序、内部审核控制程序、管理评审控制程序、抱怨处理控制程序、产品召回控制程序、产品追溯性控制程序等。

4.5.3 作业指导书

企业需要制定相应的作业文件以实现管理目标，一般作业指导书分为操作性文件和规范性文件等几个类别。企业根据管理体系的范围确定的管理体系运行过程，制定出相应的作业指导书，如顾客要求的评审、相关方能力的评价、生产过程的关键工序、重要设备设施的操作、最终产品的检验以及产品交付后的相关要求等。不同类型的有机农业生产或良好农业规范生产，根据其生产过程、环节和性质的不同，其操作规程会存在较大差异（如转换期的要求、平行生产的要求等）。

作业指导书的目的是规定具体的作业活动方法，包括各种规定、计划、方案、工作制度等。必要时还包括：

1）图纸。按照运行体系的要求，绘制相关的图纸，如地理位置图、厂区平面图、车间平面图等。图纸要符合企业实际情况，大小比例适中。

2）各种检测报告。为证实体系运行满足标准要求，需收集各种检测报告，如相关方提供的报告、产品外检报告、人员能力报告、计量设施鉴定报告等。

4.5.4 体系运行记录清单

记录是提供满足管理体系要求的客观证据或管理体系运行效果的证据，证明体系确实完全按策划运行，并作为分析问题和纠正问题的依据，是一种提供客观证据的文件。体系运行的记录不宜过多和重复，要突出达到认证规范要求的重点。对于不影响产品性能和理化特点的工序，可根据情况确定是否设计和填写记录，确定填写的记录要反应产品的特点和过程属性，达到再现体系运行现状的目的，且前后工序记录间能够对应，满足可追溯的要求。记录应受控管理，便于检索和查证。

4.5.5 法律法规清单

外来文件是企业实施运行管理体系过程中需要遵守的一系列法律法规和标准，包含引用标准。公司应适时识别和更新相关法律法规，并体现在体系的实际运行要求中。建议将企业使用的法律法规形成清单予以管理和更新，通常企业适用的法律法规清单包括法规规章、产品标准、检测方法标准、顾客和相关方的特殊要求等几个部分，适用时包括基地管理运行的相关法律法规［如有机产品认证和良好农业规范认证的适用的最高残留限量（MRL）、农业部关于种养殖相关规章等］。

第5章 有机产品认证

CHAPTER 5

有机农业生产是遵照特定的生产原则，在生产中不采用基因工程获得的生物及其产物，不使用化学合成的农药、化肥、生长调节剂、饲料添加剂等物质，遵循自然规律和生态学原理，协调种植业和养殖业的平衡，采用一系列可持续的农业技术，以维持持续稳定的农业生产体系的一种农业生产方式。发展有机产业应遵循“健康、生态、公平、关爱”四大原则。我国有机产品认证体系由《有机产品认证管理办法》《有机产品认证实施规则》和 GB/T 19630《有机产品　生产、加工、标识与管理体系要求》等文件组成。GB/T 19630—2019《有机产品　生产、加工、标识与管理体系要求》是现行有效的国家标准，规定了有机产品认证的基本要求。近几年我国有机农业、有机产业、有机产品得到了迅猛发展（图 5-1），在国内外产生了重要影响。

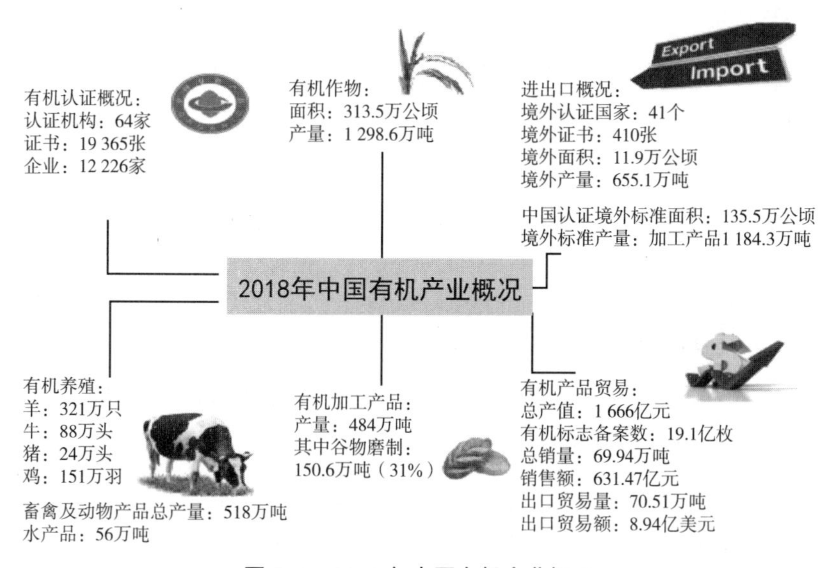

图 5-1　2018 年中国有机产业概况

5.1 申请有机产品认证的条件

5.1.1 资质要求

1）认证委托人及其相关方应取得相关法律法规规定的行政许可（适用时），其生产、加工或经营的产品应符合相关法律法规、标准及规范的要求，并应拥有产品的所有权。企业的合法经营资质证明一般包括营业执照、生产许可证、土地使用权证明、排污许可证、捕捞证、养殖证、种畜禽生产许可证、动物防疫合格证等。

2）认证委托人建立并实施了有机产品生产、加工和经营管理体系，并有效运行3个月以上。

3）申请认证的产品应在认监委公布的《有机产品认证目录》内。枸杞产品还应符合《有机产品认证实施规则》附件6的要求。

4）认证委托人及其相关方在5年内未因以下情形被撤销有机产品认证证书：

①提供虚假信息；

②使用禁用物质；

③超范围使用有机认证标志；

④出现产品质量安全重大事故。

5）认证委托人及其相关方一年内未因除4）所列情形之外其他情形被认证机构撤销有机产品认证证书。

6）认证委托人未列入“国家企业信用信息系统”严重失信主体相关名录。

5.1.2 认证申请要求

根据《有机产品认证实施规则》（CNCA-N-009：2019）的要求，有机产品生产经营企业应具备以下条件：

1）企业及其有机生产、加工、经营的基本情况：

①认证委托人名称、地址、联系方式；不是直接从事有机产品生产、加工的认证委托人，应同时提交与直接从事有机产品的生产、加工者签订的书面合同的复印件及具体从事有机产品生产、加工者的名称、地址、联系方式。

②生产单元 / 加工 / 经营场所概况。

③申请认证的产品名称、品种、生产规模包括面积、产量、数量、加工量等；

同一生产单元内非申请认证产品和非有机方式生产的产品的基本信息。

④过去 3 年间的生产历史情况说明材料，如植物生产的病虫草害防治、投入物使用及收获等农事活动描述；野生植物采集情况的描述；动物、水产养殖的饲养方法、疾病防治、投入物使用、动物运输和屠宰等情况的描述。

⑤申请和获得其他认证的情况。

2）产地（基地）区域范围描述，包括地理位置坐标、地块分布、缓冲带及产地周围临近地块的使用情况；加工场所周边环境描述、厂区平面图、工艺流程图等。

3）管理手册和操作规程。

4）本年度有机产品生产、加工、经营计划，上一年度有机产品销售量与销售额（适用时）等。

5）承诺守法诚信，接受认证机构、认证监管等行政执法部门的监督和检查，保证提供材料真实、执行有机产品标准和有机产品认证实施规则相关要求的声明。

6）有机转换计划（适用时）。

7）野生采集需提供野生采集的许可证明文件以及采集者清单（包括姓名、采集区域、采收量等），当地行业部门出具的野生区域有害生物控制措施及未使用禁用物质的证明（特别是采集区域发生飞播控制虫害时）。

8）新开垦的土地必须出具监管部门的开发批复和过去 3 年内未使用违禁物质的情况证明。

9）认证机构的其他要求。

5.2　生产、加工、经营管理要求

5.2.1　质量管理体系要求

5.2.1.1　体系文件

体系文件主要由 4 部分组成，即生产场所的位置图、有机产品管理手册、操作规程及记录。体系文件是有机生产的指导规范性文件，各岗位所使用的文件应该是统一的，并且是最新的、有效的。相关文件的编写要求详见第 4 章相关内容。

（1）生产场所的位置图

1）位置图绘制时应至少注意下列6方面问题：

①区域分布；

②水源；

③周边环境状况及常年主导风向；

④车间；

⑤仓库布局；

⑥隔离区域状况和表明生产单元特征的标识物。

2）在实际绘制位置图时，应不仅局限于上述6方面，还应根据当地的具体情况，对一些可能会对有机生产或加工带来影响的事物进行标注，如处于上风向的工厂、邻近的交通干道等。

3）需要注意位置图应按一定的比例绘制。当生产状况发生变化时，位置图应及时更新，并能反映出生产的实际状况及变化的情况。

4）地块图标识的内容：形状、面积、作物、比例、方向、风向、水源、水渠、图例、隔离带（种类、宽度）、农户和农户面积、主要的永久性的标识物等。

（2）有机产品管理手册

有机产品管理手册是证实或描述文件化有机产品管理体系的主要文件的一般形式，是阐明企业相关有机管理方针和管理目标的文件。有机产品质量管理手册应涉及企业全部有机产品生产活动，应包括但不限于以下内容：

①有机产品生产、加工、经营者的简介；

②有机产品生产、加工、经营者的管理方针和目标；

③管理组织机构图及其相关岗位的责任和权限；

④有机标识的管理；

⑤可追溯体系与产品召回；

⑥内部检查；

⑦文件和记录管理；

⑧客户投诉的处理；

⑨持续改进体系等。

（3）操作规程

操作规程是用以描述集体岗位或工作现场如何完成某项工作任务的具体做法或规范的技术操作。操作规程应覆盖整个生产过程。

1）有机产品作物生产（分作物）

①品种选择和应用的程序：品种、品种特性、育种单位、种子经销商、种子选购的管理等；

②肥料：来源、处理方法（配料、堆肥和堆肥记录）、成分、使用方法（时间、量和方式）；

③病虫害防治：病虫害调查方法、种类、发生规律、控制方法（针对性）、药剂（种类、来源、依据、使用时间、使用数量、次数、交替和混用程序）；

④收获（采收）、运输、包装程序。

2）有机养殖规程（分品种）

①繁殖或引种规程；

②动物营养：饲料、饲料添加剂种类、来源、配方、比例（日粮和总量）、效果等；

③动物疾病：种类、影响因素、措施、药物等；

④动物福利：生活环境、生理满足、精神刺激、安全保障等。

3）一般规程

①平行生产管理规程；

②储藏管理；

③包装管理；

④畜禽运输要求；

⑤畜禽屠宰要求；

⑥加工机械维护；

⑦清扫规定；

⑧标签使用规定；

⑨员工福利和劳动保护方面规定，如员工清洁要求、员工健康检查要求、员工着装要求等。

（4）记录

有机产品生产、加工、经营者应建立并保持记录，记录应清晰准确，能为有机生产、加工、经营活动提供有效证据，各项有机记录应至少保存 5 年。记录应包括但不限于以下内容：

①生产单元的历史记录及使用禁用物质的时间及使用量；

②种子、种苗、种畜禽等繁殖材料的种类、来源、数量等信息；

③肥料生产过程记录；

④土壤培肥施用肥料的类型、数量、使用时间和地块；

⑤病、虫、草害控制物质的名称、成分、使用原因、使用量和使用时间；

⑥动物养殖场所有进入、离开该单元动物的详细信息（品种、来源、识别方法、数量、进出日期、目的地等）；

⑦动物养殖场所有药物的使用情况，包括产品名称、有效成分、使用原因、用药剂量，被治疗动物的识别方法、治疗数目、治疗起始日期、销售动物或其产品的最早日期；

⑧动物养殖场所有饲料和饲料添加剂的使用详情，包括种类、成分、使用时间及数量等；

⑨所有生产投入品的台账记录（来源、购买数量、使用去向与数量、库存数量等）及购买单据；

⑩植物收获记录，包括品种、数量、收获日期、收获方式、生产批号等；

⑪动物（蜂）产品的屠宰、捕捞、提取记录；

⑫加工记录，包括原料购买、入库、加工过程、包装、标识、储藏、出库、运输记录等；

⑬加工厂有害生物防治记录和加工、贮存、运输设施清洁记录；

⑭销售记录及有机标识的使用管理记录；

⑮培训记录；

⑯内部检查记录等。

5.2.1.2 资源管理

为了确保有机生产活动能够按照相关法律法规和标准顺利进行，应具备必要的物质和人力资源，其中包括运营资金、田地、厂房、设备等物质条件，还有管理人员（管理者）、技术人员和生产操作者等。

5.2.1.3 内部检查

企业要建立由内部检查员来承担的内部检查制度，以定期验证企业所进行的有机活动管理和有机生产、加工及经营等活动本身是否达到国家相关法律法规和标准对有机生产的要求。

5.2.1.4 可追溯体系与产品召回

从事有机生产、加工及经营的申请人必须建立可追溯体系和召回制度。这一体系的建立是为了对生产过程和产品流向进行实时控制，即当产品出现问题时，可依据相关记录追踪到生产、运输、加工、贮藏、包装等所有环节并找到产生问题的原因，如地块图、农事活动记录、加工记录、仓储记录、出入库记录、销售记录等以及可跟踪的生产批号系统。产品召回管理规定应符合《食品召回管理办法》，每年度要至少进行产品召回演练一次。

5.2.1.5 投诉

有机产品生产、加工、经营者应当建立起处理客户投诉的程序，配置人员负责处理投诉的工作，有效实施投诉的接受、登记、调查、跟踪、反馈等环节，对这些环节进行记录，并保存记录，要将处理投诉过程中得到的信息，反馈到生产、加工、经营环节，进一步提升产品和服务的质量。

5.2.1.6 持续改进

有机产品生产、加工、经营者应当通过各种方式对管理体系的有效性进行持续改进。方式主要是通过利用预防措施和纠正措施，但不仅限于此。对比质量方针、质量目标的落实情况，生产数据的分析，内部检查和认证机构审核结果，以及管理评审等，都可以成为企业对自身管理体系进行持续改进的工具。持续改进可分为日常的渐进式改进和重大突破式改进。

5.2.2 产地环境要求

产地环境有如下要求：

1）有机产品植物生产需要在适宜的环境条件下进行，生产基地应远离城区、工矿区、交通主干线、工业污染源、生活垃圾场等，并宜持续改进产地环境。产地的环境质量应符合以下要求：

①在风险评估的基础上选择适宜的土壤，并符合 GB 15618《土壤环境质量　农用地土壤污染风险管控标准》的要求；

②农田灌溉用水水质符合 GB 5084《农田灌溉水质标准》的规定；

③环境空气质量符合 GB 3095《环境空气质量标准》的规定。

2）畜禽饮用水水质应达到 GB 5749《生活饮用水卫生标准》的要求。

3）水产养殖的水域水质应符合 GB 11607《渔业水质标准》的规定。

4）有机食品加工厂应符合 GB 14881《食品安全国家标准　食品生产通用卫生规范》的要求，其他有机产品加工厂应符合国家及行业部门的有关规定。

企业或其生产、加工操作的分包方应出具有资质的监测（检测）机构对产地环境质量进行的监测（检测）报告，对于产地环境空气质量可对县级以上（含县级）环境保护部门公布的当地环境空气质量信息或出具的其他证明性材料进行评估，以证明产地的环境质量状况符合 GB/T 19630《有机产品　生产、加工、标识与管理体系要求》的规定。当地环境空气质量信息可在当地生态环境部门网站上获取。

5.2.3 产品检测和评价要求

产品检测和评价有以下 3 点要求：

1）应对申请生产、加工认证的所有产品抽样检验检测，必要时可对其生长期植物组织进行抽样检测，在风险评估基础上确定需检测的项目。如果企业生产的产品仅作为该委托人认证加工产品的唯一原料，且经认证机构风险评估后原料和终产品检测项目相同或相近时，则应至少对终产品进行抽样检测。认证证书发放前无法采集样品并送检的，应在证书有效期内安排检验检测并得到检验检测结果。

2）应委托具备法定资质的检验检测机构进行样品检测。

3）有机生产或加工中允许使用物质的残留量应符合相关法律法规或强制性标

准等的规定。

5.2.4 现场检查要求

1）对现场检查过程至少包括：

①对生产、加工过程、产品和场所的检查，如生产单元有非有机生产、加工或经营时，也应关注其对有机生产或加工的可能影响及控制措施；

②对生产、加工、经营管理人员、内部检查员、操作者进行访谈；

③对 GB/T 19630 所规定的管理体系文件与记录进行审核；

④对认证产品的产量与销售量进行衡算；

⑤对产品追溯体系、认证标识和销售证的使用管理进行验证；

⑥对内部检查和持续改进进行评估；

⑦对产地和生产加工环境质量状况进行确认，评估对有机生产、加工的潜在污染风险；

⑧采集必要的样品等。

2）对有机转换产品的检查包括：

①多年生作物存在平行生产时，企业应制定有机产品转换计划，并事先获得认证机构确认。在开始实施有机产品转换计划后，每年须经认证机构派出的检查组核实、确认。未按转换计划完成转换并未经现场检查确认的地块不能获得认证。

②未能保持有机产品认证的生产单元，需重新经过有机产品转换才能再次获得有机产品认证。

③有机产品认证转换期起始日期不应早于认证机构受理申请之日。

3）对投入品的检查包括：

有机产品生产或加工过程中允许使用 GB/T 19630 附录列出的物质。

5.3 常见问题

5.3.1 什么是有机？

这里的有机是指一种农业生产方式，而非“有机化学”。根据我国 GB/T 19630 的规定，有机产品是指生产、加工、销售过程符合该标准的供人类消费、动物食用的产品。

有机产品标准简单地说就是要求在动植物生产过程中不使用化学合成的农药、化肥、生长调节剂、饲料添加剂等物质，以及基因工程生物及其产物，而且遵循自然规律和生态学原理，采取一系列可持续发展的农业技术，协调种植业和养殖业的平衡，维持农业生态系统良性循环；对于加工、贮藏、运输、包装、标识、销售等过程中，也有一整套严格规范的管理要求。

根据我国《有机产品认证管理办法》规定，未获得有机产品认证的任何单位和个人，不得在产品或者产品包装及标签上标注“有机”“ORGANIC”等字样且可能误导公众认为该产品为有机产品的文字表述和图案。

5.3.2　有机农业就是传统农业吗？

有机农业是当今人们在对自然新的认识和理解的基础上所形成的一种新型的农业生产方式（示例见图 5-2）。

有机农业虽然不允许使用常规农业中使用的化学合成农药、肥料、生长调节剂和饲料添加剂、转基因技术等，但绝不是“刀耕火种”的传统农业生产方式。有机农业仅排斥对生态系统和自然环境有不良影响的生产技术和物质，现代农业中设施栽培，微、滴灌技术，有害生物综合治理技术等仍提倡使用，以达到在保障食品安全和保护环境的同时还能提高产品品质与产量的目的。

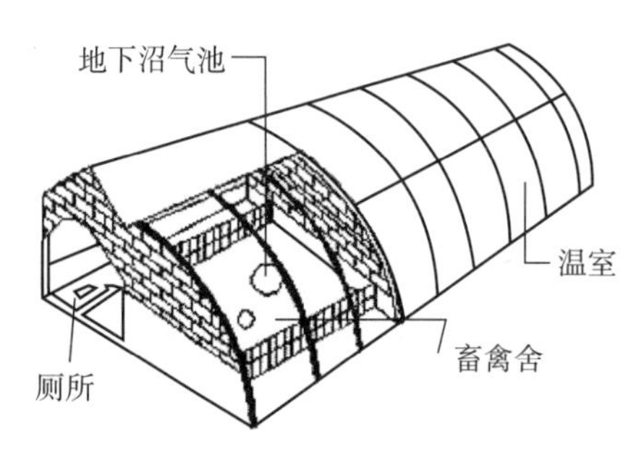

图 5-2　北方“四位一体”有机农业模式

5.3.3　有机农业生产方式与产品质量安全的关系是什么？

从国际有机产业发展看，有机农业生产有 3 个核心要素：

1）不使用基因工程技术；

2）不使用化学合成的物质；

3）强调生态平衡和可持续的生产技术。

目前，国内关注较多的是不使用基因工程技术和不使用化学合成的物质，而忽视了生态平衡和可持续的生产技术，原因包括以下几方面：

1）有机生产方式产生之初，之所以不使用化学合成物质，更多的是考虑降低能源消费、减少资源损耗、削减对于环境和生态系统的污染，减少农产品中农药和兽药等残留只是有机产业发展的理由之一，但并不是发展有机产业的唯一理由。

2）有机产品虽然农药和兽药残留会较低（未检出）或没有，但并没有统计学证据证明比常规产品更安全。

3）科研机构研究表明，有机农业只能养活 30 亿至 40 亿人口，而 2011 年 10 月，地球已经迎来了第 70 亿位居民的诞生。从我国国情来看，过度发展有机农业将影响我国粮食安全，而且中国有机产业发展也无法脱离我国社会诚信整体水平有待提高的现状。

总体来讲，有机产品由于生产方式的不同，会对产品质量安全产生一定影响，对降低产品农药、兽药残留有比较大的帮助，但在重金属、卫生指标方面的贡献有限。发展有机产业最大的贡献应该是生态环境的改善、促进农业可持续发展和实现农民增收。

5.3.4 有机产品和有机食品、绿色食品是什么关系？

有机产品是指生产、加工、销售过程符合中国有机产品国家标准，获得有机产品认证证书，并加施中国有机产品认证标志的供人类消费、动物食用的产品。有机产品包括有机食品，但也有纺织品、饲料等。

有机食品是有机产品的一类，目前我国有机食品主要包括粮食、蔬菜、水果、奶制品、饮料、酒、畜禽产品、水产品及调料等。有机产品还包括棉、麻、竹、服装、饲料（有机标准包括动物饲料）等“非食品”。

绿色食品是指产自优良生态环境、按照绿色食品标准生产、实行全程质量控制并获得绿色食品标志使用权的安全、优质食用农产品及相关产品。绿色食品认证依据的是农业农村部绿色食品行业标准。

5.3.5 有机产品为什么价格很高？

目前，我国有机生产、加工及运输、销售产业链发展还不十分成熟，有机产品在生产、劳动力投入、质量管理等过程中的成本较高，有机产品较常规产品产出较低，且常规农场要转变为有机农场需要 2 年至 3 年的转换期，因此有机产品的售价一般都比普通产品价高，该价格同时包含了环境成本。而目前常规生产的产品价格并没有完全考虑生产过程中使用化肥与农药对人类健康造成危害以及对环境污染的成本。

有机产品在生产过程中不使用化学合成的农药，产品中没有化学农药的残留，对健康有利，对我们生存的环境有利；有机农业提倡保持产品的天然成分，可保持食物原来的味道，有机肥料代替化肥使得瓜果蔬菜变得有滋有味；有机生产过程要求可追溯，是一种可以信赖的产品；另外有机产品在生产过程中可以减少碳的排放。

5.3.6 什么是转换期？

转换期的规定是为了保证有机产品的“纯洁”。如已经使用过农药或化肥的农场要想转换成为有机农场，需按有机标准的要求建立有效的管理体系，并在停止使用化学合成农药和化肥后还要经过 2 年至 3 年的过渡期后才能正式成为有机农场。在转换期间生产的产品，只能以常规产品销售。

不是所有产品都需要转换期，比如野生采集产品和基质栽培的食用菌就不需要转换期。

5.3.7 什么是有机码？

为保证有机产品的可追溯性，认监委要求认证机构在向获得有机产品认证的企业发放认证标志或允许有机生产企业在产品标签上印制有机产品认证标志前，必须按照统一编码要求赋予每枚认证标志的一个唯一编码，该编码由 17 位数字组成，其中认证机构代码 3 位、认证标志发放年份代码 2 位、认证标志发放随机码 12 位，认证标志编码前应注明“有机码”3 个字。每一枚有机标志的有机码都需要报送到中国食品农产品认证信息系统（http://food.cnca.cn），可以在该网站上查到该枚有机标志对应的有机产品名称、认证证书编号、获证企业等信息。

认证机构代码（3 位）由认证机构批准号后 3 位代码形成。内资认证机构为该认证机构批准号的 3 位阿拉伯数字批准流水号；外资认证机构为 9+ 该认证机构批准号的 2 位阿拉伯数字批准流水号。

认证标志年份代码（2 位）采用年份的最后 2 位数字，如 2011 年为 11。

认证标志随机码（12 位）是认证机构发放认证标志数量的 12 位阿拉伯数字随机号码，数字产生的随机规则由各认证机构自行制定。

5.3.8 有机产品认证的流程是什么？

想要获得有机产品认证，需要由有机产品生产或加工企业向具备资质的有机产品认证机构提出申请，按规定将申请认证的文件，包括有机生产加工基本情况、质量手册、操作规程和操作记录等提交给认证机构进行文件审核。评审合格后，认证机构委派有机产品认证检查员进行生产基地（养殖场）或加工现场检查与审核，并形成检查报告。认证机构根据检查报告和相关的支持性审核文件做出认证决定、颁发认证证书等过程。获得认证后，认证机构还应进行后续的跟踪管理和市场抽查，以保证生产或加工企业持续符合 GB/T 19630 和《有机产品认证实施规则》的规定要求。进行现场检查的有机产品认证检查员应当经过培训、考试并在中国认证认可协会（CCAA）注册。

5.3.9 机产品的生产、加工、销售记录是如何保证真实、有效和可追溯的？

为保证有机产品的完整性，有机产品生产、加工者应建立完善的追溯体系，保存能追溯实际生产全过程的详细记录（如地块图、农事活动记录、收获记录、加工记录、仓储记录、出入库记录、运输记录、销售记录等）以及可追踪的生产批号系统。

获得有机产品认证的生产、加工单位或者个人，从事有机产品销售的单位或者个人，应当在生产、加工、包装、运输、贮藏和经营过程中，按照 GB/T 19630 和《有机产品认证管理办法》的规定，建立完善的跟踪检查体系和生产、加工、销售记录档案。

5.3.10 有机产品标志使用有哪些规定和要求？

未获得有机产品认证的产品，不得在产品或者产品包装及标签上标注“有机产品”字样。

获证产品（如为加工产品，有机成分须在95%以上）应在产品的最小销售包装上使用有机产品国家标志及其唯一编号（有机码）、认证机构名称或者其标识。

有机产品认证标志应当在有机产品认证证书限定的产品范围、数量内使用，每一枚标志有唯一编码，可在认监委中国食品农产品认证信息系统（http://food.cnca.cn）查询该编码。

如果消费者在购买有机产品时发现问题，可与销售单位进行核实，也可拨打12315电话向所在地市场监管部门投诉、举报。

5.3.11 我国有机产品认证的主要规定有哪些？

《有机产品认证管理办法》是规范在中华人民共和国境内从事有机产品认证活动以及有机产品生产、加工、销售活动的规章。《有机产品认证实施规则》规定了有机产品认证机构如何开展认证的程序和基本要求。GB/T 19630—2019《有机产品　生产、加工、标识与管理体系要求》是有机产品生产、加工、标识、销售和管理应达到的技术要求。

5.3.12 政府部门都采取了什么样的监管措施？

认监委负责有机产品认证活动的统一管理、综合协调和监督工作。各级市场监管部门对所辖区域内有机产品的认证活动实施监督检查。

开展监督检查的方式主要有：对认证机构开展监督检查，对获得认证企业进行现场检查，对获得认证的产品进行监督抽检，对产品标志使用情况进行检查等。

5.3.13 如果发现了假冒有机产品应该向哪里投诉？

一是向认证机构投诉；二是拨打12315向所在地市场监管部门投诉举报。

5.3.14 我国对进口的有机产品有什么要求？

根据《有机产品认证管理办法》规定，进口的有机产品应当符合中国有关法律、行政法规和部门规章的规定，并符合有机产品国家标准。未获得中国有机产品认证的产品，不得在产品或者产品包装及标签上标注“有机”“ORGANIC”等字样且可能误导公众认为该产品为有机产品的文字表述和图案。

第6章

绿色食品认证

CHAPTER 6

《绿色食品标志管理办法》规定，绿色食品指产自优良生态环境、按照绿色食品标准生产、实行全程质量控制并获得绿色食品标志使用权的安全、优质食用农产品及相关产品。绿色食品的概念充分体现了绿色食品的“从土地到餐桌”全程质量控制的基本要求和安全优质的本质特征。

经过近 30 年的发展，我国绿色食品从概念到产品，从产品到产业，从产业到品牌，从局部发展到全国推进，从国内走向国际；总量规模持续扩大，品牌影响力持续提升，产业经济、社会和生态效益日益显现，成为我国安全优质农产品的精品品牌；为推动农业标准化生产、提高农产品质量水平，促进农业提质增效、农民增收脱贫，保护农业生态环境、推进农业绿色发展等发挥了积极示范引领作用。

6.1 申请绿色食品认证的条件

6.1.1 资质要求

申请使用绿色食品标志的生产主体，应当具备以下条件：

1）能够独立承担民事责任，如企业法人、农民专业合作社、个人独资企业、合伙企业、家庭农场等，国有农场、国有林场和兵团团场等生产单位；

2）具有稳定的生产基地，且具有一定生产规模；

3）具有绿色食品生产的环境条件和生产技术；

4）具有完善的质量管理体系，并至少稳定运行 1 年；

5）具有与生产规模相适应的生产技术人员和质量控制人员；

6）申请前 3 年内无质量安全事故和不良诚信记录；

7）与绿色食品工作机构或检测机构不存在利益关系；

8）完成国家农产品质量安全追溯管理信息平台注册。

6.1.2 认证申请要求

绿色食品申请产品应满足以下条件：

1）应符合《中华人民共和国食品安全法》（以下简称《食品安全法》）和《中华人民共和国农产品质量安全法》（以下简称《农产品质量安全法》）等法律规定；

2）应为现行《绿色食品产品标准适用目录》范围内产品；

3）产品本身或产品配料成分属于卫生部[①]发布的《可用于保健食品的物品名单》中的产品，需取得国家相关保健食品或新食品原料的审批许可后方可进行申报。

6.2 绿色食品标准体系

经过近 30 年的探索和实践，绿色食品从安全、优质和可持续发展的基本理念出发，立足打造精品，满足高端市场需求，创建并落实“从土地到餐桌”的全程质量管理模式，建立了一套定位准确、结构合理、特色鲜明的标准体系，包括产地环境质量标准、生产过程标准、产品质量标准和包装、贮运标准等 4 个组成部分，涵盖了绿色食品产业链中各个环节标准化要求。绿色食品标准质量安全要求达到国际先进水平，一些安全指标甚至超过欧盟、美国、日本等发达国家及地区水平。截至 2020 年 12 月 31 日，农业农村部累计发布绿色食品标准 779 条，现行有效标准 500 项。绿色食品标准体系为指导和规范绿色食品的生产行为、质量技术检测、标志许可审查和证后监督管理提供了依据和准绳，为绿色食品事业持续健康发展提供了重要技术支撑。同时也为不断提升我国农业生产和食品加工水平树立了“标杆”。

---

① 中华人民共和国卫生部（简称卫生部），经 2013 年和 2018 年国务院两次机构改革，国家卫生职责现由中华人民共和国卫生健康委员会（简称卫健委）承担。

6.3 绿色食品生产全程质量控制要求

6.3.1 产品及产品原料产地环境质量要求

农业生态环境是指影响农业生产与可持续发展的水资源、土地资源、生物资源及气候资源等要素的总和，是农业存在和发展的根本前提，是人类生存和社会发展的物质基础。绿色食品生产基地对生态环境的要求包括以下几点：一是应选择在生态环境良好、无污染的地区，远离工矿区和公路铁路干线，避开污染源；二是应在绿色食品和常规生产区域之间设置有效的缓冲带或物理屏障，防止绿色食品生产基地受到污染；三是建立生物栖息地，保护基因多样性、物种多样性和生态多样性，维持生态平衡；四是应保证基地具有可持续生产能力，不对环境或周边其他生物产生污染。

产品及产品原料产地环境质量（土壤、空气、灌溉用水、加工用水、养殖用水等）应按 NY/T 1054《绿色食品　产地环境调查、监测和评价导则》检测评价，符合 NY/T 391《绿色食品　产地环境质量》及绿色食品相关规定。

6.3.2 肥料、农药、兽药、饲料、食品添加剂等投入品要求

绿色食品产品包括农林产品及其加工产品、畜禽类产品、水产品类、饮品类及其他产品等 5 大类，产品生产加工过程会涉及肥料、农药、兽药、食品添加剂等投入品的使用。投入品的使用应符合 NY/T 393《绿色食品　农药使用准则》、NY/T 394《绿色食品　肥料使用准则》、NY/T 471《绿色食品　畜禽饲料及饲料添加剂使用准则》、NY/T 472《绿色食品　兽药使用准则》和 NY/T 392《绿色食品　食品添加剂使用准则》等相应的标准规定，生产中严格按照标准中规定的投入品品种、使用方法和使用剂量进行生产操作。

绿色食品生产中肥料施用要遵循持续发展原则、安全优质原则、化肥减控原则和有机为主原则。核心是在保障植物营养有效供给的基础上减少化肥用量，增施有机肥，兼顾元素之间的比例平衡，无机氮素用量不得高于当季作物需求量的一半，增加土壤肥力，提高生物活性，保护生态环境。需要特别注意的是避免使用存在以下几种情况的肥料：一是添加有稀土元素的肥料；二是成分不明确的、含有安全隐患成分的肥料；三是未经发酵腐熟的人畜粪尿；四是生活垃圾、污泥和含有害物质

（如毒气、病原微生物、重金属等）的工业垃圾；五是转基因品种（产品）及其副产品为原料生产的肥料；六是国家法律法规规定不得使用的肥料。

绿色食品生产中农药使用要从保护农业生态环境出发，病虫草害防治优先考虑采用农业、物理和生物措施，必要时优先选择低毒低风险农药品种，提倡兼治和不同作用机理农药交替使用，尽量减少施用次数和延长安全间隔期。农药剂型宜选用悬浮剂、微囊悬浮剂、水剂、水乳剂、微乳剂、颗粒剂、水分散粒剂和可溶性粒剂等环境友好型剂型。NY/T 393《绿色食品　农药使用准则》中明确了绿色食品生产中允许使用的农药品种，且农药使用要严格按照农药登记使用范围、产品标签和农药合理使用准则使用。此外，绿色食品生产中允许使用的农药，其残留量要求不高于 GB 2763《食品安全国家标准　食品中农药最大残留限量》，其他不允许使用农药的残留不应超过 0.01mg/kg。

绿色食品兽药使用应遵循以下基本原则：一是生产者应供给动物充足的营养，应按照 NY/T 391《绿色食品　产地环境质量》提供良好的饲养环境，加强饲养管理，采取各种措施以减少应激，增强动物自身的抗病力；二是应按《中华人民共和国动物防疫法》的规定进行动物疾病的防治，在养殖过程中尽量不用或少用药物，确需使用兽药时，应在执业兽医指导下进行；三是所用兽药应来自取得生产许可证和产品批准文号的生产企业，或者取得进口兽药登记许可证的供应商；四是兽药的质量应符合《中华人民共和国兽药典》《兽药质量标准》《兽用生物制品质量标准》《进口兽药质量标准》的规定；五是兽药的使用应符合《兽药管理条例》和《兽药停药期规定》等有关规定，建立用药记录。

绿色食品饲料及饲料添加剂的使用应遵循安全优质、绿色环保及以天然原料为主的原则。绿色食品生产中所使用的饲料和饲料添加剂应对养殖动物机体健康无不良影响，所生产的动物产品品质优，对消费者健康无不良影响；应对环境无不良影响，在畜禽和水产动物产品及排泄物中存留量对环境也无不良影响，有利于生态环境和养殖业可持续发展；提倡优先使用微生物制剂、酶制剂、天然植物添加剂和有机矿物质，限制使用化学合成饲料和饲料添加剂。

绿色食品所允许使用的食品添加剂不应对人体产生任何健康危害，不应掩盖食品腐败变质，不应掩盖食品本身或加工过程中的质量缺陷或以掺杂、掺假、伪造为目的而使用食品添加剂，不应降低食品本身的营养价值，在达到预期的效果下尽可能降低在食品中的使用量，不得采用基因工程获得的产物。

6.3.3 绿色食品现场检查要求

绿色食品现场检查是指经中国绿色食品发展中心（以下简称中心）核准注册且具有相应专业资质的绿色食品检查员依据绿色食品技术标准和有关法规对绿色食品申请人提交的申请材料、产地环境质量、产品质量等实施核实、检查、调查、风险分析和评估并撰写检查报告的过程。

检查时间应安排在申请产品的生产、加工期间（如从种子萌发到产品收获的时间段、从母体妊娠到屠宰加工的时间段、从原料到产品包装的时间段）的高风险时段进行，不在生产、加工期间的现场检查为无效检查。现场检查应覆盖所有申请产品，因生产季等原因未能覆盖的，应在未覆盖产品的生产季节内实施补充检查。省级绿色食品工作机构根据申请产品类别，委派至少 2 名具有相应资质的检查员组成检查组，必要时会配备相应领域的技术专家。现场检查包括首次会议、实地检查、查阅文件记录、随机访问和总结会等 5 个环节，其中查阅文件记录、随机访问两个环节贯穿现场检查的始终。申请人要根据现场检查计划做好人员安排，现场检查期间，主要负责人、绿色食品生产负责人、技术人员、内检员、库管人员要在岗，各相关记录、档案随时备查阅。对于现场检查中发现的问题，申请人应在规定的期限内予以整改，由于客观原因（如农时、季节、生产设备改造等）在短期内不能完成整改的，申请人应对整改完成的时限做出承诺。

6.3.4 绿色食品产品及其质量标准要求

绿色食品应按相应的产品质量标准所确定的项目和指标检测合格。绿色食品产品质量标准是根据产品的生物学属性、功能属性和生产工艺属性等分类制定的。目前有效的产品质量标准有 126 项，基本涵盖商标局核准的绿色食品标志商品范围。每项产品质量标准分别与产地环境、投入品使用准则和包装、贮运标准相协调，制定每类产品的感官、理化及农药残留、兽药残留、食品添加剂和微生物等具体项目和指标。项目和指标的确定除与国家食品安全标准相协调外，主要参考 CAC、欧盟、美国和日本等国际先进标准，指标限值严于或相当国家标准。经多年实际应用，绿色食品产品的高标准要求在技术上切实可行，为提升我国食品安全整体水平提供了技术依据。

6.3.5　绿色食品预包装食品标签或设计样张要求

绿色食品预包装应符合《食品标识管理规定》、GB 7718《食品安全国家标准　预包装食品标签通则》、GB 28050《食品安全国家标准　预包装食品营养标签通则》等标准要求；标签上生产商名称、产品名称、商标、产品配方等内容应与申请材料一致；标签上绿色食品标志设计应符合《中国绿色食品商标标志设计使用规范手册》要求，且应标示企业信息码。申请人可在标签上标示产品执行的绿色食品标准，也可标示其执行的其他标准，非预包装食品不需提供产品包装标签。绿色食品标志常见形式见图 6-1。

图 6-1　绿色食品标志常见形式

6.3.6　产品包装、贮藏和运输要求

产品包装、贮藏和运输要符合 NY/T 658《绿色食品　包装通用准则》和 NY/T 1056《绿色食品　贮藏运输准则》的规定。在 NY/T 658《绿色食品　包装通用准则》中要求包装减量化，包装材料可重复利用、可回收或可降解，包装表面不允许涂蜡、上油等，突出环境友好和食品安全要求。NY/T 1056《绿色食品　贮藏运输准则》是对绿色食品贮藏和运输条件的要求，确保绿色食品避免贮藏流通环境的二次污染。

6.4 绿色食品认证流程

申请人申请使用绿色食品标志通常经过申请人提出申请、省级绿色食品工作机构受理审查、检查员现场检查、产地环境和产品检测、省级工作机构初审、中心综合审查、绿色食品专家评审及颁证决定等 8 个环节。绿色食品申报流程见图 6–2。

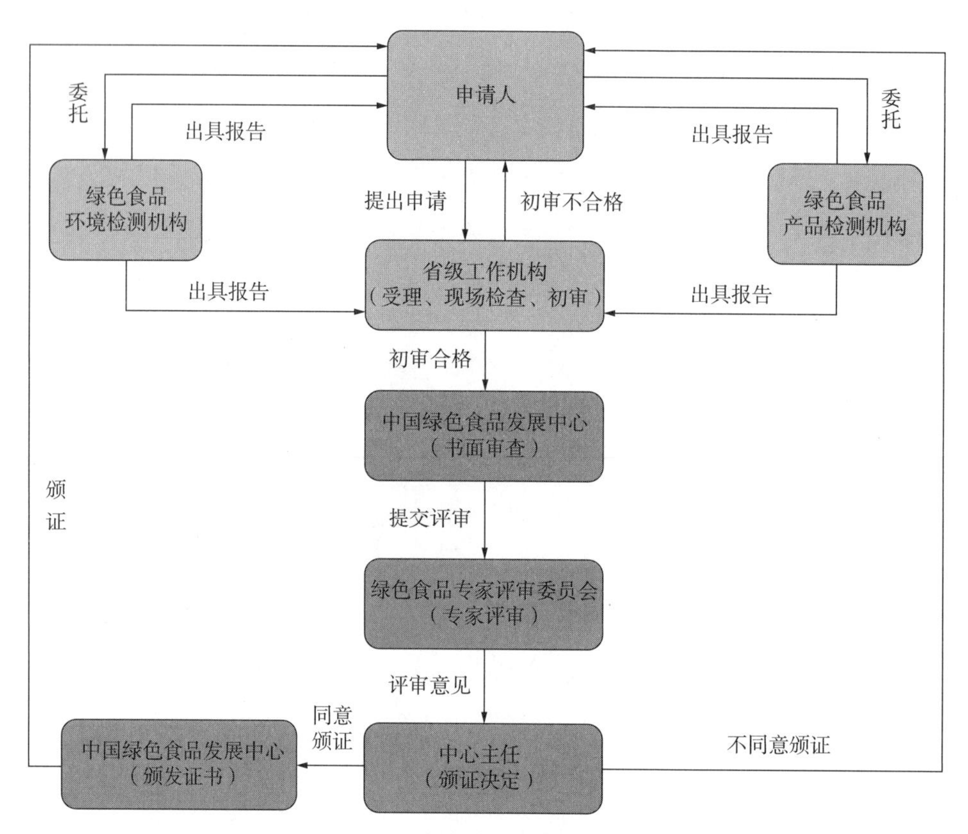

图 6–2 绿色食品申报流程图

6.4.1 初次申请流程

6.4.1.1 申请人提出申请

1）申请时间：申请人至少在产品收获、屠宰或捕捞前 3 个月，向所在绿色食品省级工作机构提出申请。

2）申请方式：申请人登录中国绿色食品发展中心网站，下载《绿色食品标志使用申请书》及相关调查表，按照绿色食品相关要求组织材料，并向省级工作机构提交书面申请。绿色食品省级工作机构和定点检测机构的联系方式，可登录中心网站（http://www.greenfood.org.cn/）查询。

6.4.1.2 省级工作机构受理审查

省级工作机构收到上述申请材料之日起 10 个工作日内完成对申请材料的审查，重点审查申请人和申报产品条件和申请材料的完备性。符合要求的，予以受理，向申请人发出《绿色食品申请受理通知书》；材料不完备的，需在规定时限内补充相关材料；不符合要求的，不予受理，书面通知申请人本生产周期不再受理其申请，并告知理由。

6.4.1.3 检查员现场检查

申请人申请材料审查合格后，省级工作机构根据申请产品类别，在材料审查合格后 45 个工作日内组织至少两名具有相应专业资质的检查员对申请人产地进行现场检查（受作物生长期影响可适当延后）。现场检查前，省级工作机构应提前告知申请人并发出《绿色食品现场检查通知书》，明确现场检查计划。

现场检查结束后，检查组应在 10 个工作日内完成现《绿色食品现场检查报告》并提交至省级工作机构。省级工作机构根据《绿色食品现场检查报告》向申请人发出《现场检查意见通知书》，对于现场检查合格的，可持《现场检查意见通知书》委托绿色食品环境与产品检测机构实施检测工作；现场检查不合格的，《现场检查意见通知书》将告知申请人“现场检查不合格 ，本生产周期内不再受理你单位的申请”。

6.4.1.4 产地环境和产品检测与评价

申请人按照《绿色食品现场检查意见通知书》要求委托中心指定的检测机构对产地环境、产品进行检测和评价。检测机构应严格遵循绿色食品相关要求进行抽样检测，环境检测应自环境抽样之日起 30 个工作日内完成，产品检测应自抽样之日起 20 个工作日内完成，并将检测结果报送绿色食品省级工作机构和申请人。

6.4.1.5 省级工作机构初审

绿色食品省级工作机构自收到《绿色食品现场检查报告》《环境质量监测报告》和《产品检验报告》之日起 20 个工作日内完成申报材料的初审。申报材料完备可信、现场检查报告真实规范、环境和产品检验报告合格有效的材料报送中心，同时完成网上录入；不合格的，通知申请人本生产周期不再受理其申请，并告知理由。

6.4.1.6 中心综合审查

中心自收到省级工作机构报送的申请材料之日起 30 个工作日内完成综合审查并出具审核意见。需要补充材料的，申请人应在《绿色食品审查意见通知书》规定时限内补充相关材料，逾期视为自动放弃申请；需要现场核查的，由中心委派检查组进行再次检查核实；审查不合格的（如材料造假、违规使用投入品、产品质量不合格等严重问题）及审查合格的材料，进入绿色食品专家评审环节。

6.4.1.7 绿色食品专家评审

中心在完成综合审查的 20 个工作日内组织召开专家评审会。专家评审意见是最终颁证与否的重要依据。

6.4.1.8 颁证决定

中心根据专家评审意见，在 5 个工作日内做出颁证决定，并通过省级工作机构通知申请人。同意颁证的，进入证书颁发程序；不同意颁证的，告知理由。

6.4.2 续展申请

证书有效期为 3 年。证书有效期满，需要继续使用绿色食品标志的，标志使用人应当在有效期满 3 个月前向省级工作机构提出续展申请，同时完成网上在线申报。标志使用人逾期未提出续展申请，或者续展未通过的，不得继续使用绿色食品标志。

绿色食品省级工作机构负责本行政区域绿色食品续展申请的受理、初审、现场检查、书面审查及相关工作，中心负责续展申请材料的备案登记、监督抽查和颁证工作。省级工作机构收到符合相关要求的申请材料后，应在 40 个工作日内完成材料审查、现场检查和续展初审。初审合格的，应在证书有效期满 25 个工作日前将续展申请材料报送中心，同时完成网上报送。逾期未能报送的，不予续展。中心以《绿色食品省级工作机构初审报告》作为续展决定依据，随机抽取 10% 续展申请材料进行监督抽查，监督抽查意见与审查结论不一致时，以监督抽查意见为准。

因不可抗力不能在有效期内进行续展检查的，省级工作机构应在证书有效期内向中心提出书面申请，说明原因。经中心确认，续展检查应在有效期后 3 个月内实施。

6.4.3 申诉申请

申请人如对受理、现场检查、初审、综合审查或颁证决定等有异议，应在收到书面通知后 10 个工作日内向中心提出书面申诉并提交相关证据。中心成立申诉处理小组负责申诉的受理、调查和处置。申诉方如对处理意见有异议，可向上级主管部门申诉或投诉。

6.5 绿色食品生产企业管理要求

6.5.1 绿色食品企业年度检查

绿色食品企业年度检查（以下简称“年检”）是指绿色食品工作机构对辖区内获得绿色食品标志使用权的企业在一个标志使用年度内的绿色食品生产经营活动、产品质量及标志使用行为实施的监督、检查、考核、评定等。

年检工作由省级工作机构负责组织实施，省级工作机构应根据本地区的实际情况，制定年检工作实施办法，并报中心备案；建立完整的年检工作档案，年检档案至少保存 3 年。省级工作机构应于每年 12 月 20 日前，将本年度年检工作总结和《核准证书登记表》电子版报中心备案。中心对各地年检工作进行督导、检查。

年检的主要内容是通过现场检查企业的产品质量及其控制体系状况、规范使用绿色食品标志情况和按规定缴纳标志使用费情况等。省级工作机构根据年度检查结果以及国家食品质量安全监督部门和行业管理部门抽查结果，依据绿色食品管理相关规定，分别做出年检合格、整改、不合格等结论，并通知企业。年检结论为合格的企业，省级工作机构应在规定工作时限内完成核准程序，在合格产品证书上加盖年检合格章；年检结论为整改的企业，必须于接到通知之日起一个月内完成整改，并将整改措施和结果报告省级工作机构，省级工作机构应及时组织整改验收并做出结论；年检结论为不合格的企业，省级工作机构应直接报请中心取消其标志使用权。

6.5.2 绿色食品标志市场监察

绿色食品标志市场监察是对市场上绿色食品标志使用情况的监督检查。市场监察是对绿色食品证后质量监督的重要手段和工作内容，是各级绿色食品工作机构及标志监管员的重要职责。中心负责全国绿色食品标志市场监察工作；省及省以下各级工作机构负责本行政区域的绿色食品标志市场监察工作。

市场监察工作在中心统一组织下进行，每年集中开展一次，原则上每年监察行动于 4 月 15 日启动，11 月底结束。每次行动由各地工作机构按照中心规定的固定市场监察点，以及各地省级工作机构自主选择的流动市场监察点，对各市场监察点所售标称绿色食品的产品实施采样监察。

市场监察工作按照以下程序进行：工作机构组织有关人员根据产品采样要求对各监察点所售标称绿色食品的产品进行采样、登记、疑似问题产品拍照，将采样产品有关信息在绿色食品审核与管理系统录入上传；再将采购样品的发票和购物小票的复印件于采样后 1 个月内寄送中心。中心对各地报送的采样信息逐一核查，对存在不同问题的产品于 6 月底前分别做出处理，并于当年 11 月底将市场监察结果向全国绿色食品工作系统通报。

6.5.3 绿色食品产品质量年度抽检

产品抽检是指中心对已获得绿色食品标志使用权的产品采取的监督性抽查检验。产品抽检工作由中心制定抽检计划，委托相关绿色食品产品质量检测机构按计划实施，省及市、县绿色食品工作机构予以配合。

中心于每年 2 月底前制定产品抽检计划，并下达有关检测机构和省级工作机构。检测机构应按照绿色食品相关标准规范及时组织抽样与样品检测，出具检验报告，检验报告结论要明确、完整，检测项目指标齐全，检验报告应以特快专递方式分别送达中心、有关省级工作机构和企业各一份。检测机构最迟应于标志年度使用期满前 3 个月完成抽检，并于每年 12 月 20 日前将产品抽检汇总表及总结报中心。检测机构必须承检中心要求检测的项目，未经中心同意，不得擅自增减检测项目。对当年应续展的产品，检测机构应及时抽样检验并将检验报告提供给企业，以便作为续展审核的依据。

企业对检验报告如有异议，应于收到报告之日起（以收件人签收日期为准）5 日内向中心提出书面复议（复检或仲裁）申请，未在规定时限内提出异议的，视为认可检验结果。对检出不合格项目的产品，检测机构不得擅自通知企业送样复检。

省级工作机构对辖区内的绿色食品质量负有监督检查职责，应在中心下达的年度产品抽检计划的基础上，结合当地实际编制自行抽检产品的年度计划，填写《绿色食品省级工作机构自行抽检产品备案表》，一并报中心备案。经在中心备案的抽检产品，其抽检工作视同中心组织实施的监督抽检。

省级工作机构自行抽检产品的检验项目、内容，不得少于中心年度抽检计划规定的项目和内容。省级工作机构自行抽检的产品必须在绿色食品定点检测机构进行检验，检测机构应出具正式检验报告，并将检验报告分别送达省级工作机构和企业。产品抽检不合格的企业，省级工作机构要及时上报中心，由中心做出整改或取消其标志使用权的决定。

6.5.4 绿色食品质量安全预警

绿色食品质量安全预警工作以维护绿色食品品牌安全为目标，坚持“重点监控，兼顾一般；快速反应，长效监管；科学分析，分级预警”的原则，是对绿色食品审核评审和获证后可能存在的质量安全风险所做的防范工作。绿色食品质量安全信息主要来源于绿色食品专业监测机构和绿色食品质量安全预警信息员以及有关政府部门质量安全监管等。绿色食品专业监测机构通过分析有关监测数据，结合对行业生产现状的调研情况，编写《季度行业质量安全信息分析报告》，于下季度第一个月的 15 日前报送中心，对于突发性或重大的行业质量安全信息，随时上报。

质量安全信息分为红色风险、橙色风险和黄色风险等 3 个级别。

红色风险是指发生在整个行业内的危害，并可能造成全国性或国际性影响的、大范围和长时期存在的严重质量安全风险。对于红色级别风险处置应立即对相关企业的产品进行专项检测或检查，确认质量问题后取消其绿色食品标志使用权；暂停受理该行业产品的认证；对该行业获得绿色食品标志使用权的产品进行专项检查，并对问题及时做出相应处理；跟踪风险动态，及时采取应对措施以避免风险扩大。

橙色风险是指发生在行业局部或可能造成区域范围内、有一定规模和持续性的危害风险。对于橙色级别风险处置应立即对相关企业的产品进行专项检测或检查，确认质量问题后取消其绿色食品标志使用权；暂停受理相关区域内的该行业产品认证；对其他地区的该行业申请认证产品加检风险项目，并加强现场检查；对相关区域内的该行业获得绿色食品标志使用权的产品进行专项检查，并对问题及时做出处理；继续跟踪风险动态，及时采取应对措施以避免风险扩大。

黄色风险是指发生在行业内个别企业或可能造成省域内、小规模和短期性的危害风险。对于黄色级别风险处置应立即对相关企业的产品进行专项检测或检查，确认质量问题后取消其绿色食品标志使用权；要求所在省加强对同行业企业的认证检查、产品检测及证后监管，以避免风险扩大。

6.5.5 绿色食品公告和通报

为加强绿色食品标志管理工作，中心建立了绿色食品公告和通报制度。绿色食品公告是指通过媒体向社会发布绿色食品重要事项或法定事项，中心对获得绿色食品标志使用许可的产品及被中心取消或主动放弃标志使用权的产品进行公告。绿色食品通报是以文件形式向绿色食品工作系统及有关企业告知绿色食品重要事项或法定事项，如因产品抽检不合格限期整改的、绿色食品产品质量年度抽检结果、绿色食品监管员注册、考核结果等。

6.6 常见问题

6.6.1 初次申请使用绿色食品标志需要提前做哪些准备？

申请使用绿色食品标志的申请人确定申报之前有以下3点必须提前准备和注意：

1）提前派企业人员参加绿色食品培训，并获得绿色食品内检员注册资格，确保企业有个“明白人”，负责绿色食品申报和生产管理工作；

2）注意申请要在产品收获前 3 个月提出，确保现场检查、产地环境监测和产品检测可以在生长季节进行；

3）要提前在国家农产品质量安全追溯管理信息平台（http://www.qsst. moa.gov. cn）完成生产经营主体注册。

6.6.2　某市行业协会要申请使用绿色食品标志，以便其所有会员企业都可以使用绿色食品标志，是否符合绿色食品申报资质条件？

不符合。

根据《绿色食品标志许可审查程序》第五条：绿色食品申请人范围包括企业法人、农民专业合作社、个人独资企业、合伙企业、家庭农场等，国有农场、国有林场和兵团团场等生产单位。行业协会等社团组织不具备生产能力，不能作为申报主体。

6.6.3　绿色食品申请人涉及总公司、子公司和分公司的，申请时需要注意什么？

绿色食品申请人涉及总公司、子公司、分公司的有以下几种情况：

1）总公司或子公司可独立作为申请人单独提出申请；

2）总公司 + 分公司可作为绿色食品申请人，分公司不能独立作为绿色食品申请人；

3）总公司可作为统一申请人，子公司或分公司作为其加工场所，与其签订委托加工合同，由总公司向所在地省级工作机构统一提出申请。

6.6.4　某企业2018年6月注册成立，2018年12月提出绿色食品标志使用申请，是否符合申报资质条件？

不符合。

根据《绿色食品标志许可审查程序》规定，申请人在提出申请时应至少稳定运行 1 年。该企业申报时成立仅 6 个月，不满足稳定运行 1 年的要求。

6.6.5 获得绿色食品标志使用许可的申请人是否可以将绿色食品标志用于企业生产的未经许可产品？

不可以。

根据《绿色食品标志管理办法》第二十一条的规定，禁止将绿色食品标志用于非许可产品及其经营性活动。

6.6.6 绿色食品标志使用人有哪些权利和义务？

根据《绿色食品标志管理办法》规定，标志使用人在证书有效期内享有以下权利：一是在获证产品及其包装、标签、说明书上使用绿色食品标志；二是获证产品的广告宣传、展览展销等市场营销活动中使用绿色食品标志；三是在农产品生产基地建设、农业标准化生产、产业化经营、农产品市场营销等方面优先享受相关扶持政策。

标志使用人在证书有效期内应当履行以下义务：一是严格执行绿色食品标准，保持绿色食品产地环境和产品质量稳定可靠；二是遵守标志使用合同及相关规定，规范使用绿色食品标志；三是积极配合县级以上人民政府农业行政主管部门的监督检查及其所属绿色食品工作机构的跟踪检查。

6.6.7 申请人在绿色食品证书有效期内，证书信息发生变化需要变更，如何操作？

在证书有效期内，标志使用人的产地环境、生产技术、质量管理制度等没有发生变化的情况下，单位名称、产品名称、商标名称等一项或多项发生变化的，标志使用人拆分、重组与兼并的，标志使用人应办理证书变更。证书变更需要提交以下材料：①证书变更申请书；②证书原件；③标志使用人单位名称变更的，须提交行政主管部门出具的《变更批复》复印件及变更后的《营业执照》复印件；④商标名称变更的，需提交变更后的《商标注册证》复印件；⑤如获证产品为预包装食品，需提交变更后的《预包装食品标签设计样张》；⑥标志使用人拆分、重组与兼并的，需提供拆分、重组与兼并的相关文件，省级工作机构现场确认标志使用人作为主要管理方，且产地环境、生产技术、质量管理体系等未发生变化，并提供书面说明。

6.6.8 未按期续展的企业是否可以继续使用绿色食品标志？

不可以。

绿色食品标志证书有效期为 3 年，续展申请人应在绿色食品证书到期前 3 个月向绿色食品管理部门提出续展申请。证书到期后未续展的原绿色食品企业不能继续使用绿色食品标志。

第7章

CHAPTER 7

食品安全管理体系认证

食品安全管理体系（FSMS）是组织管理食品安全方面的体系，是一个从确定方针、目标，到实现目标整个过程的各要素之间的相互作用的系统。国际标准化组织（ISO）于2005年9月1日正式发布了第一版ISO 22000:2005《食品安全管理体系　食品链中各类组织的要求》。2006年，我国等同采用并发布了GB/T 22000—2006《食品安全管理体系　食品链中各类组织的要求》。2018年6月18日，ISO修订发布ISO 22000:2018《食品安全管理体系　食品链中各类组织的要求》，新版国家标准即将发布。

7.1　申请食品安全管理体系认证的条件

7.1.1　资质要求

企业申请食品安全管理体系认证时，应满足以下基本条件：

1）取得国家市场监督管理部门或有关机构注册登记的法人资格（或其组成部分）；

2）已取得相关法规规定的行政许可（适用时）；

3）生产、加工的产品或提供的服务符合中华人民共和国相关法律法规、安全卫生标准和有关规范的要求；

4）已按认证依据要求，建立和实施了文件化的食品安全管理体系，一般情况下体系需有效运行3个月以上；

5）在1年内，未因食品安全卫生事故、违反国家食品安全管理相关法规或虚报、瞒报获证所需信息，而被认证机构撤销认证证书。

7.1.2 认证申请要求

食品安全管理体系（ISO 22000）标准不能单独使用，需要配合专项准则一起使用，即“1+1”，如果没有专项准则，不能申请食品安全管理体系认证。目前发布的专项准则共 29 个，如下：

1）GB/T 27301—2008《食品安全管理体系　肉及肉制品生产企业要求》；

2）GB/T 27302—2008《食品安全管理体系　速冻方便食品生产企业要求》；

3）GB/T 27303—2008《食品安全管理体系　罐头食品生产企业要求》；

4）GB/T 27304—2008《食品安全管理体系　水产品加工企业要求》；

5）GB/T 27305—2008《食品安全管理体系　果汁和蔬菜汁类生产企业要求》；

6）GB/T 27306—2008《食品安全管理体系　餐饮业要求》；

7）GB/T 27307—2008《食品安全管理体系　速冻果蔬生产企业要求》；

8）CCAA 0001-2011《食品安全管理体系　谷物加工企业要求》；

9）CCAA 0002-2011《食品安全管理体系　饲料加工企业要求》；

10）CCAA 0003-2014《食品安全管理体系　食用油、油脂及其制品生产企业要求》；

11）CCAA 0004-2014《食品安全管理体系　制糖企业要求》；

12）CCAA 0005-2014《食品安全管理体系　淀粉及淀粉生产企业要求》；

13）CCAA 0006-2014《食品安全管理体系　豆制品生产企业要求》；

14）CCAA 0007-2014《食品安全管理体系　蛋制品生产企业要求》；

15）CCAA 0008-2014《食品安全管理体系　糕点生产企业要求》；

16）CCAA 0009-2014《食品安全管理体系　糖果类生产企业要求》；

17）CCAA 0010-2014《食品安全管理体系　调味品、发酵制品生产企业要求》；

18）CCAA 0011-2014《食品安全管理体系　味精生产企业要求》；

19）CCAA 0012-2014《食品安全管理体系　营养保健品生产企业要求》；

20）CCAA 0013-2014《食品安全管理体系　冷冻饮料及食用冰生产企业要求》；

21）CCAA 0014-2014《食品安全管理体系　食品及饲料添加剂生产企业要求》；

22）CCAA 0015-2014《食品安全管理体系　食用酒精生产企业要求》；

23）CCAA 0016-2014《食品安全管理体系　饮料生产企业要求》；

24）CCAA 0017-2014《食品安全管理体系　茶叶、含茶制品及代用茶加工企业要求》；

25）CCAA 0018-2014《食品安全管理体系　坚果加工企业不要求》；

26）CCAA 0019-2014《食品安全管理体系　方便食品生产企业要求》；

27）CCAA 0020-2014《食品安全管理体系　果蔬制品生产企业要求》；

28）CCAA 0021-2014《食品安全管理体系　运输和贮藏企业要求》；

29）CCAA 0022-2014《食品安全管理体系　食品包装容器及材料生产企业要求》。

企业申请食品安全管理体系认证应提交如下的文件和资料：

1）食品安全管理体系认证申请；

2）有关法规规定的行政许可文件证明文件（适用时）；

3）营业执照（三证合一）；

4）食品安全管理体系文件；

5）加工生产线、HACCP 项目和班次的详细信息；

6）申请认证产品的生产、加工或服务工艺流程图、操作性前提方案和 HACCP 计划；

7）生产、加工或服务过程中遵守（适用）的相关法律法规、标准和规范清单，产品执行企业标准时，提供加盖当地政府标准化行政主管部门备案印章的产品标准文本复印件；

8）承诺遵守法律法规、认证机构要求、提供材料真实性的自我声明；

9）产品符合卫生安全要求的相关证据和（或）自我声明；

10）生产、加工设备清单和检验设备清单；

11）其他需要的文件。

7.2　生产经营企业管理要求

企业依据标准要求结合自己的实际情况建立、实施、保持并不断更新食品安全管理体系，定期对管理体系进行确认和验证。

7.2.1 管理职责

食品安全管理体系中的管理职责主要是指最高管理者、食品安全小组组长的管理职责。

1）最高管理者作为一个企业的最高层领导，有责任制定企业政策，赋予员工职责和权限，提供必要的资源，在体系中有不可替代的作用。最高管理者的职责是否到位，往往关系到食品安全管理体系的成败。所以，最高管理者在建立、保持、运行食品安全管理体系中起着重要作用。主要体现在以下几个方面：

①制定企业的食品安全方针和目标，并与企业的经营目标一致；

②将食品安全管理体系要求融入于企业的业务过程；

③确定组织结构，明确职责和权限，合理地提供资源；

④交流沟通有效食品安全管理的重要性，以及符合食品安全管理体系要求、法律法规要求和双方约定的食品安全有关客户要求的重要意义；

⑤主持管理评审工作；

⑥支持其他管理者证明其在履行其相关领域的职责时的食品安全领导作用。

2）食品安全小组组长作为食品安全管理体系中一个非常重要的角色，被最高管理者任命后，应该承担以下方面的工作：

①确保建立、实施、保持和更新食品安全管理体系；

②管理并组织食品安全小组的工作；

③确保食品安全小组的相关培训和能力；

④向最高管理者报告食品安全管理体系的有效性和适宜性。

食品安全管理体系不是食品安全小组一个组织的事情，也不是食品安全小组成员的事情，而是企业内每一个成员的事情。作为企业的一分子，每一个员工，不论职位、性别、资质如何，都有关注食品安全的责任。无论是在本职岗位上还是在其他责任区域发现了与食品安全或者是和食品安全管理体系有关的问题，都必须第一时间向食品安全小组报告。

7.2.2 人力资源

人力资源通俗地说就是和食品安全管理体系有关的人员。不仅包括公司内部的，还包括公司外部的，比如外面聘请的专家。所有与食品安全相关的人员都必须要在能力和意识方面能够满足食品安全的要求。

从事食品安全管理体系相关工作的人员应该具有以下 4 个方面的意识：

1）理解并掌握食品安全方针。对于食品安全方针应该先制定，再沟通，以确保食品安全方针能有效实施并保持，使大家能知晓食品安全方针。让每一个和食品安全管理体系工作相关的人都能明白企业的宗旨和发展方向，并能将它融入自己的工作当中，从而更好地为达成食品安全管理体系目标。

2）理解并掌握与其工作相关的食品安全管理体系目标。企业应该将目标在不同职能部门、不同岗位上对目标进行分解，并定期进行考核。

3）了解个人对食品安全管理体系有效性的贡献，包括改进食品安全绩效的益处。食品安全管理体系实施、保持和不断改进工作，不是最高管理者或食品安全小组组长一个人能够完成的事情，也不是食品安全小组能够完成的事情，而是每一个和食品安全管理体系有关人员的事情。

4）明白不符合食品安全管理体系要求的后果。这一点很重要。多数的管理者和绝大多数的员工都觉得这个点无所谓，不要紧。因为他们完全没有意识到这事如果出现问题所带来的严重后果。食品安全管理体系的每一个要素，每一个环节都是相互关联，环环相扣，一环控制不好势必影响到其他环节的正常工作，一个环节出现问题也肯定会给后续过程造成潜在的或者直接的影响。

在树立意识的同时，还应该保证从事食品安全管理体系相关工作的人员有足够的能力来完成食品安全相关工作。要做到：首先，具备相应的知识；其次，必要的技能；再者，知识和技能应用的能力；还要通过内外部培训学习，提升与食品安全有关的人员的能力和意识，从而满足不断发展的食品安全的要求。

7.2.3 前提方案（PRPs）

1）企业应制定前提方案，并形成文件，这是申请认证的必要条件。

建立的前提方案应包括以下 12 个方面的内容：

①建筑物和相关设施的构造和布局；

②包括分区、工作空间和员工设施在内的厂房布局；

③空气、水、能源和其他基础条件的供给；

④虫害控制、废弃物和污水处理和支持性服务；

⑤设备的适宜性，及其清洁、维护保养的可实现性；

⑥供应商批准和保证过程（如原料、辅料、化学品和包装材料）；

⑦来料接收、贮存、分销、运输和产品的处理；

⑧交叉污染的预防措施；

⑨清洁和消毒；

⑩人员卫生；

⑪产品信息 / 消费者意识；

⑫其他有关方面。

还应该制定 12 个方面的监控方式和验证要求：如害虫管理员每天检查虫鼠害情况，设备管理员每周巡视厂区和建筑物情况，化验室每月检测生产用水，每年制定下年度的改进计划等。

从以上 12 个方面可以看到，前提方案包括了一个企业正常运营要考虑的所有方面：企业的整体布局，甚至建厂时的选址；能源的供给；废弃物的处理；从原料获得、验收、使用到产品储存、分销，直到消费者的要求；人员的卫生要求以及加工过程的交叉污染。

2）制定前提方案时首先要考虑法律法规的要求。

①识别企业在整个食品链中的位置（示例见图 7-1）。

②选择适合企业在食品链中的位置的规范性文件。

各国都制定了食品链中各环节相关的法规要求。我国制定的 GB 14881《食品安全国家标准　食品生产通用卫生规范》，是对所有食品生产企业的基本要求。我国对食品链从种植、养殖、加工、制造、运输、贮存、分销等各环节都制定了具体的良好规范要求，如 GB 8950《食品安全国家标准　罐头食品生产卫生规范》、GB 8955《食品安全国家标准　食用植物油及其制品生产卫生规范》、GB 8957《食品安全国家标准　糕点、面包卫生规范》、GB 12693《食品安全国家标准　乳制品良好生产规范》、GB 12694《食品安全国家标准　畜禽屠宰加工卫生规范》、GB 12695《食品安全国家标准　饮料生产卫生规范》等标准，以及与 GB/T 22000 配合使用的 29 个专项标准。对出口企业还要考虑进口国的要求，如美国的《美国食品安全现代化法案》（FSMA），美国食品药品监督管理局（FDA）验厂时作为

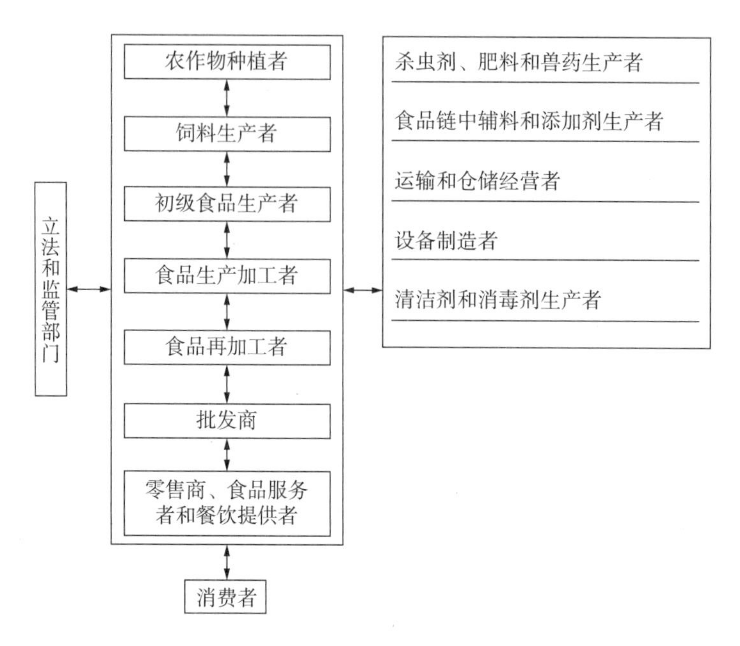

图 7-1 食品链示例图

硬性要求；还需要考虑公认的指南、国际食品法典委员会（CAC）的法典原则和操作规范等。ISO 22000 标准还要求前提方案应考虑 ISO/TS 22002 系列的适用技术规范及适用实践守则。ISO/TS 22002-1 的食品制造部分提出了 ISO 22000 标准前提方案之外的几方面要求，包括：①返工；②产品撤回程序；③库房；④产品信息和消费者意识；⑤食品防护，生物预警和生物反恐（强调了过敏原控制、食品防护管理）。

③结合企业目前的状况，制定适合自己的前提方案。

每个企业都有自己的实际情况，即使是同行业或者集团内的不同工厂，也都有不同之处，如地理位置、周边环境、气候条件、管理水平、人员素质等均会有所不同。

作为最低要求，必须满足所选的标准、规范的要求，可以在标准、规范的基础上加严管理，制定更高的要求。

前提方案的格式没有固定模式，但必须满足标准要求的 12 个方面，可以按标准要求的 12 个方面展开描述，也可以按照 GB 14881 的要求进行描述。

7.2.4 危害分析

危害分析的目的是找到控制危害的措施，使危害得到控制。进行危害分析需要具备相关知识人员，还要了解产品的特性以及加工产品的过程和条件，以及法律法规的要求和顾客对产品的需求。因此，危害分析之前要做一些准备工作或预备步骤，再进行危害分析。

7.2.4.1 危害分析预备步骤

（1）预备步骤一：成立食品安全小组，任命食品安全组长

最高管理者组织成立食品安全小组，任命食品安全小组长，明文规定或以任命书的形式告知公司员工，组长负责确保建立、实施、保持和更新食品安全管理体系。食品安全小组组长是公司食品安全管理体系的核心，其应是公司的成员并了解公司的食品安全问题，当组长在公司中另有职责时，不宜与食品安全的职责相冲突。组长不一定是食品方面的专家，但建议其具备卫生管理和 HACCP 原理应用方面的基本知识，并且具有较强的管理和协调能力。

食品安全小组组长的职责可以包括与外部相关方就食品安全管理体系的有关事宜进行联系。

小组的其他成员应包括质量控制、技术、生产、设备、采购、销售、必要的关键岗位等方面的人员，如果公司内部的人员能力不足，可以通过培训或者聘请外部专家，聘请的外部专家应签订书面的协议，明确其职责和应有的权限。食品安全小组示例见表 7-1，食品安全小组组长任命书可参考以下示例。

表 7-1　食品安全小组示例

姓名	职务 / 工序	学历	联系方式	行业工作年限	专业	食品安全职责

任命书示例

为了贯彻执行食品安全法规，加强对食品安全卫生的管理，确保食品体系有效运行，特任命 ×××同志担任 ××××××××××公司食品安全小组组长。主要工作：负责建立、实施、保持和更新食品安全管理体系；及食品安全体系的全面推行工作；向最高管理者报告食品安全管理体系的业绩和任何改进的需求；确保食品安全小组成员的相关培训和能力；负责食品安全管理体系有关事宜对外联络。

如该同志不在现场时，由以下人员依次临时代理：质量经理→质量主管→ ×××。

特此任命

总经理：签字

日期：

（2）预备步骤二：产品描述

食品安全小组应对原料、辅料、与产品接触的材料以及终产品的特性进行描述（示例见表 7-2）。

对所有原料、辅料和产品接触材料都应该描述，内容应包括：

1）生物、化学和物理特性；

2）配制辅料的组成，包括添加剂和加工助剂；

3）来源（如动物、矿物或蔬菜）；

4）原产地（产地）；

5）生产方法；

6）包装和交付方式；

7）贮存条件和保质期；

8）使用或生产前的准备和（或）处置；

9）与采购材料和辅料预期用途相适宜的有关食品安全的接收准则或规范。

表 7-2 原辅材料特性描述示例

原辅料名称	产品特性描述							
	化学 / 生物 / 物理特性	组成成分	来源 / 产地	生产方法	包装和交付方式	储存条件 / 保质期	生产前的处理	接收准则
描述 / 日期:			审核 / 日期:			批准 / 日期:		

对终产品的描述内容应包括（示例见表 7-3）：

1）产品名称或类似标志；

2）成分；

3）与食品安全有关生物、化学和物理特性；

4）预期的保质期和贮存条件；

5）包装；

6）与食品安全有关的标识和（或）处理、制备及使用的说明书；

7）分销和交付的方式。

表 7-3 终产品特性描述示例

产品名称:	
描述内容	产品特性描述
1. 预期用途 / 预期处理	
2. 使用群体 / 消费群体	
3. 组成成分	
4. 化学 / 生物 / 物理特性	
5. 保质期和贮存条件	
6. 包装方式	
7. 安全标识 / 使用说明	
8. 分销方式	
描述 / 日期:	审核 / 日期:　　　　批准 / 日期:

（3）预备步骤三：绘制流程图及流程图现场验证

食品安全小组应绘制流程图，流程图应清晰、准确和尽量详细，并进行现场确认。

流程图应包括：

1）操作中所有步骤的顺序和相互关系；

2）任何外包过程；

3）原料、辅料、加工助剂、包装材料、公用设施和中间产品的投入点；

4）返工点和循环点；

5）终产品、中间产品、副产品和废弃物的放行点或排放点。

流程图可能包括工艺流程图、区域布局图、人流物流图、气流图、上下水示意图等（示例见图 7-2）。

（4）预备步骤四：过程步骤和过程环境的描述

流程图是为了能够充分识别产品实现的工艺过程，是过程的简单描述方式。过程步骤的描述目的是为了识别通过其他预备步骤识别不出来的、可能产生和引入的危害。

过程步骤及控制措施的描述应详尽、可靠地评价和确认控制措施不力对危害的控制效果，确保足以实施危害分析。

需要描述的内容包括：过程参数、应用强度（时间、水平、浓度等）、与其他过程及组织同一过程的差异性、外部对控制措施的要求（包括执法部门或顾客）等（示例见表 7-4）。

现有的控制措施是否满足外部的要求，需要通过分析比较来确定。通常专业规范或顾客对一些控制措施有明确的规定，如法规对低温肉制品的环境温度的要求，顾客对出口罐头的杀菌强度的要求等。

对场地布置，加工设备和接触材料、加工助剂和材料流动描述的要求，可通过“区域布局图、人流物流图、气流图、上下水示意图”等体现。

对季节、班次模式变化的描述，如不同季节的虫害发生的频次差异；冬季白天比其他季节要短，夜班生产时，人员的精力相对要差，会导致控制力度的下降等变化。

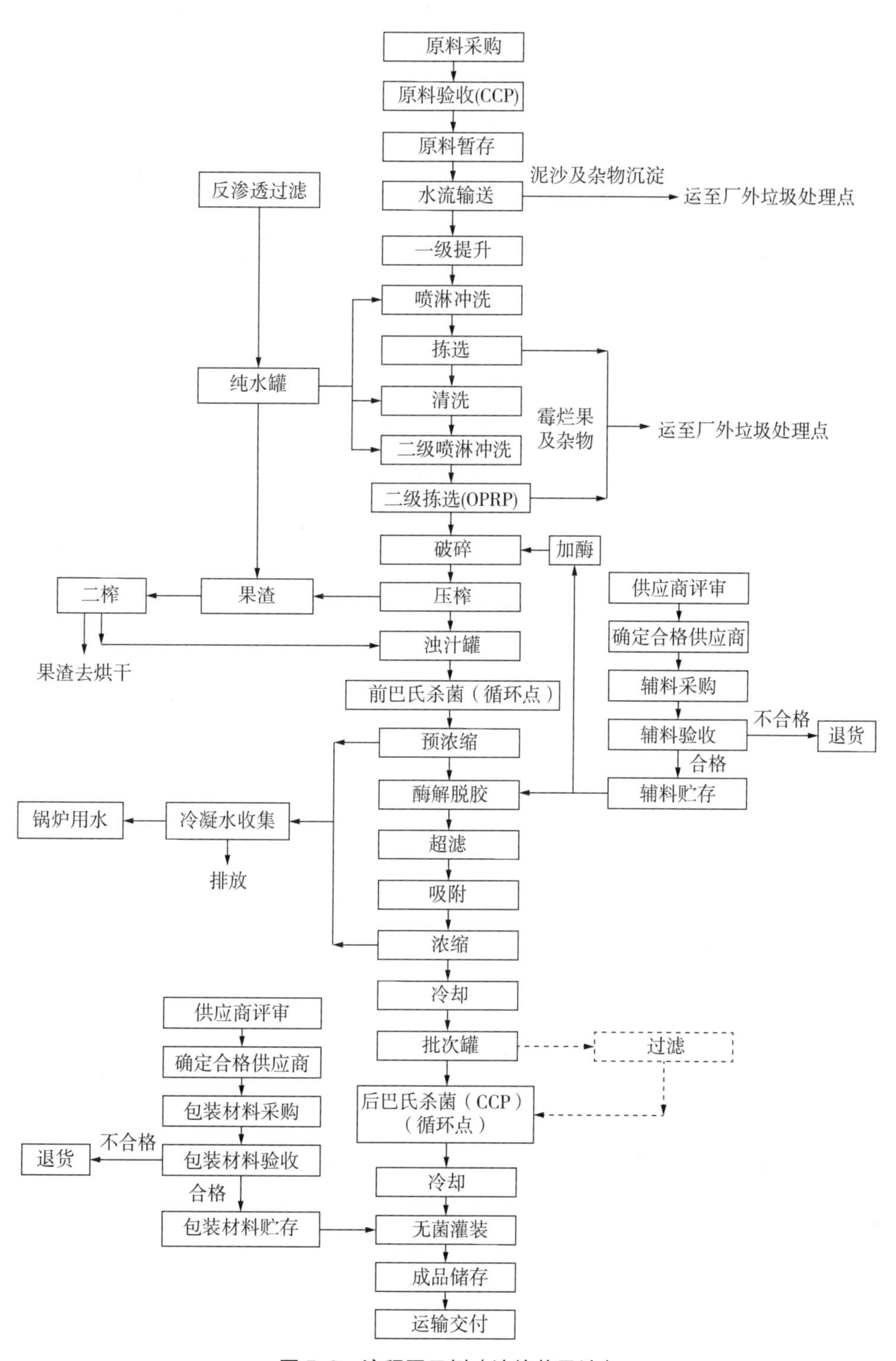

图 7-2　流程图示例（浓缩苹果汁）

表 7-4　过程描述示例（浓缩苹果汁）

序号	过程步骤	过程描述
×	人工拣选	由人工监视滚动的苹果，进一步将滚动的苹果中可能的腐烂果及杂物挑出。该工序入线果的霉烂果率≤5% 为关键限值，霉烂果率＜ 4% 为操作限值。当入线果霉烂果率≥4% 时，及时增加拣选果人员或调小进料量，以确保不偏离关键限值
×	后巴氏杀菌	把批次罐中的果汁由泵打入热交换器中，以杀灭所有致病菌及其他微生物。当温度达不到设定值时，操作系统会自动进入循环状态，直至温度达到要求。该工序的关键限值：巴氏杀菌温度≥93℃，时间以泵频表示为≤70Hz；确定杀菌温度≥94℃，泵频≤70Hz 为其操作限值，以确保不偏离关键限值

完成维护分析的准备工作或预备步骤后，可开展危害分析。危害分析需要有经验的人员进行，了解危害的产生、引入及消除或降低到可接收水平的机理，也可直接引入外部开发的控制要素。对于外部开发的控制要求在公司应用时，必须进行确认和验证。

7.2.4.2　危害分析

危害分析可分为：危害的识别、可接受水平的确定、危害评估、危害分析 4 个阶段。

（1）危害识别

危害分为生物、物理、化学 3 种危害，还应考虑过敏原、辐照及欺诈等因素。

1）生物危害的识别

①生物危害的引入

- 来自物料本身，如动物的疫病、寄生虫、致病菌等危害性细菌、病毒等。
- 来自加工过程及环境的染污，如致病菌等危害性细菌、病毒等，空气中微生物污染、不洁食品接触面的污染（如刀具、台面、管道及设备等）、操作人员染污（手、毛发、工作服、唾沫等）、进入生产现场的虫鼠、生产用水污染（传送、清洁、冷却等用水）、不同清洁条件的产品和工具相互交叉污染等。
- 动物疫病的产生与扩散，如不规范操作导致动物应激反应以及不良圈养环境导致待宰动物的生病或进一步传染其他动物。

②生物危害的增加

● 环境温度控制不当导致产品温度的失控，如加工环境温度、储藏库温度、冷藏车温度、冷柜等温度失控；

● 工艺控制不当导致产品温度的失控，如热灌装时产品温度过低、果汁加工过程温度过高、冷却后产品温度高于控制温度；

● 不利温度状态下加工时间过长，如肉制品出炉后包装加工时间过长、罐头封口到杀菌时间过长、杀菌后产品冷却时间过长等；

● 水活度（回潮率、盐度、糖度）失控，如干燥工艺失控导致水活度没有达到控制要求、空气湿度的变化导致产品的回潮。

③生物危害的残留

杀菌条件控制不当或杀菌不充分，会导致生物危害残留，产品不能安全保存与食用。

● 抑制剂（柠檬酸、臭氧、防腐剂等）添加不足，pH 测试仪不准确导致柠檬酸添加量不足、辅料不合格导致防腐剂浓度过低、臭氧机工作不良导致产品臭氧含量不足等；

● 影响杀菌的因素控制不良，如罐头杀菌前品温、封口到杀菌的间隔时间、pH、最大固容量、杀菌过程时间与温度等多个因素控制不良。

2）化学危害的识别

①来自物料的

● 生物体本身自然含有的天然毒素，如毒菇类中含有的剧毒物质、金枪鱼的组胺、坚果中过敏物质、贝类体中的贝类毒素等。

● 产品污染产生的毒素，如蘑菇污染产生金黄色葡萄球菌肠毒素、谷物霉变产品黄曲霉。

● 动植物中药物残留，如植物产品农药残留、动物产品的农兽药残留等。

● 包装物可溶化学物，如聚氯乙烯（PVC）材料中氯乙烯单体和乙基己基胺等。

②消毒液、护色剂等助剂残留

如使用高浓度消毒液处理蔬菜导致次氯酸液、过氧化氢等残留，焦亚硫酸钠护色处理新鲜蘑菇导致二氧化硫残留，啤酒中甲醛残留等。

③食品添加剂不合理使用

如肉制品加工中亚硝酸盐超标准使用、使用非食品添加剂苏丹红色素等。

④来自设备设施维护过程的

如润滑油污染等非食品级润滑油的不规范使用等。

⑤杀虫剂等化学物污染

如车间内使用杀虫剂污染产品等。

3）物理危害的识别

①来自物料的

如植物产品收获、晾晒等初加工过程中可能带有的泥土、砂石、玻璃、铁块等。动物原料在养殖、捕获等过程中可能引入的针头、鱼钩等，以及原辅料的标签及包装物、虫害尸体等。

②来自工器具、设备设施的使用

如断裂的刀片、设备磨损的金属物、塑料容器破损的边角、传输带磨损的胶皮、破碎的玻璃器物、设备老化的漆皮锈渣、碰碎的瓷片、脱落的墙皮、清洗设备用金属丝或纤维物等。

③来自设备设施的维护过程

设备维修中遗留的垫圈及工具、电焊的焊渣、电线的断头及绝缘胶布等。

④来自人员不规范行为

头发、首饰品、烟头、创可贴等。

⑤来自不规范的工艺控制

产生的结晶体、形成焦煳物质、辐射杀菌放射物质残留等。

⑥来自包装物污染

玻璃瓶的玻渣、清洁不净的回收使用包装物污染物残留等。

（2）可接受水平的确定

食品的危害控制是通过食品链全过程控制来实现的，组织的终产品安全性是相对的，危害的可接受水平与组织在食品链中的位置相关，取决于其在食品链中所承担的食品安全控制的责任同一组织生产的同一产品。由于顾客对产品的预期用途不同，产品也会有不同危害可接受水平（示例见表 7-5）。满足法规、顾客及组织要求的产品才是合格的安全产品。

很多组织或顾客不以适用的强制性法律法规标准作为产品的安全质量标准，此时就应以高于法规的标准作为组织危害控制要求。

当产品没有国家标准等强制性标准要求时，组织的食品安全管理体系可参照同类产品的安全标准或通过科学的风险评估手段来确定产品安全标准或要求，可以通过相同产品的安全事故报道、科研机构的研究成果、顾客调查或经验，确定产品的安全标准或要求。

表 7-5　可接受水平示例：浓缩苹果汁产品标准（理化及卫生指标）

序号	项目	结果
1	可溶性固形物（20℃折光计法）/Brix	≥65.0
2	透光率（625nm）/（%）	≥95.0
3	色值（440nm）/（%）	≥45.0
4	浊度 /NTU	≤3.00
5	富马酸（mg/L）	≤5.0
6	乳酸（mg/L）	≤500
7	羟甲基糠醛（mg/L）	≤20
8	乙醇（g/kg）	≤3.0
9	果胶试验	阴性
10	淀粉试验	阴性
11	稳定性试验（NTU）	≤1.0
12	细菌总数 /（CFU/mL）	＜10
13	大肠菌群 /（CFU/mL）	＜10
14	霉菌 /（CFU/mL）	＜10
15	酵母菌 /（CFU/mL）	＜10
16	致病菌	不得检出
17	总砷（以 As 计）/（mg/kg）	≤0.1
18	铅（Pb）/（mg/kg）	≤0.2
19	铜（Cu）/（mg/kg）	≤5.0
20	展青霉素 /（μg/kg）	≤50

（3）危害评估

危害评估的方法有很多，企业常用的方法一般是通过危害发生的概率、严重程度进行评估，再通过判断树的方法确定控制措施。

食品安全小组根据危害的严重性，危害出现的频率或可能性等，将危害划分为显著危害、非显著危害两种。显著危害是指必须予以控制的、可能发生的、会对消费者健康造成损害的危害。可能性及严重性评估标准见表 7-6；针对每个危害按表 7-7 对危害出现的可能性和严重性分别进行打分，将打出的分值按表 7-7 确定所属区域；最后根据所属区域按表 7-8 判定是否属于显著危害。

表 7-6　可能性及严重性评估标准

分值	可能性		严重性	
H	经常	两年内有发生	严重	会出现食物中毒迹象，不加以及时救治将导致死亡或救治后有不良后遗症或者违反国家法规规定
M	偶然	两年内未发生，但曾经有发生	中等	有健康影响，救治后可完全康复或不救治也能自我康复
L	极小可能	未发生过，但有发生的可能	轻微	基本不造成健康影响

表 7-7　显著性指标

可能性	严重性		
	H	M	L
H	P1	P1	P2
M	P1	P2	P3
L	P2	P3	P3
注：本表中用■代表红色 P1；▒代表绿色 P3；□代表黄色 P2。			

表 7-8　显著性评估标准

显著性系数	可接受程度	处理方式
非显著	可接受（绿色 P3）	可以前提方案加以控制或不控制
	必须警惕，控制（黄色 P2）	可以前提方案加以控制
显著	不可接受，必须杜绝（红色 P1）	控制措施组合控制

（4）控制措施的选择

依据国际食品法典委员会（CAC）推荐的 HACCP 应用指南中的关键控制点（CCP）判断树方法。示例见图 7-3。

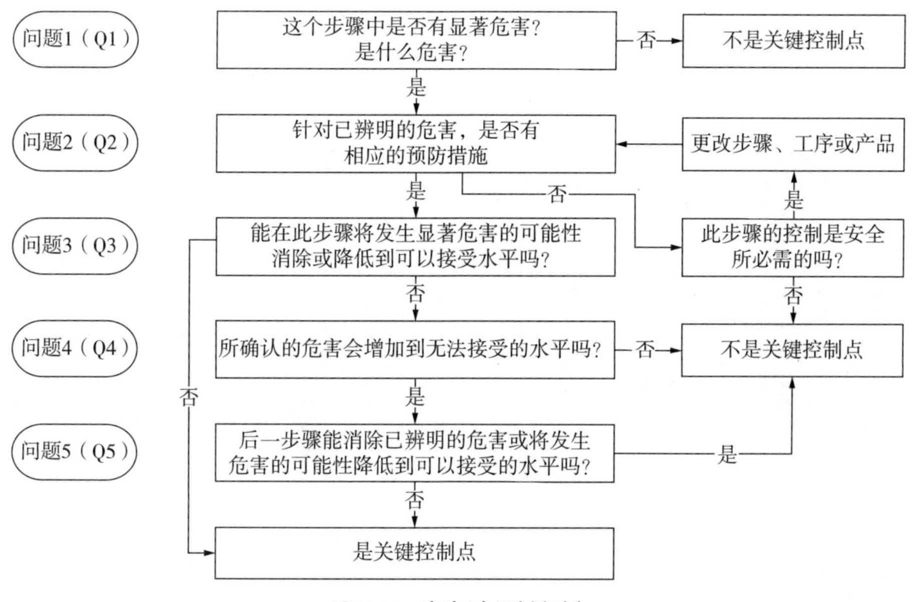

图 7-3　生产过程判断树

（5）危害分析工作表

通过危害识别、明确可接受水平、危害评估、控制措施的选择分类建立危害分析工作表单（示例见表 7-9）。

7.2.5　危害控制计划（HACCP/OPRP计划）

由关键控制点（CCP）控制的显著危害应建立关键限值（CL）。关键限值（CL）又叫临界值，是 CCP 控制过程中可接受与不可接受的界限值，关键限值应确保不超过可接受水平。如果控制过程中超过了所设定 CL 时，产品的安全性就不能够保证，产品就是潜在不安全产品，只有经过评估才能进一步确定这些产品是否是可以放行的安全产品。

由操作性前提方案（OPRP）控制的显著危害应建立行动准则。行动准则用于确定 OPRP 是否在控制范围内；符合行动准则应有助于确保不超过可接受水平。不符合行动准则时，不一定会对产品有重大影响，需要评估对产品的影响来确定是否是潜在不安全产品。

通过危害分析，对于显著的危害要建立危害控制计划，危害控制计划应有成文信息，并且要求及时地更新和保持，以适用于组织的显著食品安全危害的控制，其相关信息包括以下方面：

7-9　危害分析工作表示例

危害识别			危害分析评价				控制措施选择	控制措施评价				
（1）过程步骤	（2）确定本步骤的潜在危害	做出第二栏判断的理由	可能性	严重性	显著性指数	危害是否显著	控制 / 预防措施	是否能由前提方案有效控制	Q1	Q2	Q3	是否关键控制点（CCP）
人工拣选	物理性：无											否
	化学性：霉菌毒素超标	烂果中有霉菌，产生毒素	M	H	P1	是	人工肉眼观察挑选	否	是	是	否	OPRP
	生物性：无											
	过敏原：无											
	欺诈：无											
	蓄意污染：故意投毒	操作工故意将化学品投入产品中	L	H	P2	否	食品防护计划控制					
	辐射：无											
杀菌冷却	生物性：微生物	杀菌不彻底、冷却温度超过限值造成	H	H	P1	是	操作工连续进行监控，每小时进行记录	否	是	是	是	是
	化学性：重金属等污染物	水中带入	L	L	P3	否		水和蒸汽的控制	否			
	物理性：微粒、金属屑	过滤器过滤不干净；杀菌器的不规范拆、装	M	M	P2	否	开机生产前对设备进行彻底清洗，清洗完成后由品管部进行验证并记录	水和蒸汽的控制、异物的控制	否			
	欺诈、蓄意污染：无											
	辐射污染：无											
	过敏原：无											

1）由 CCP 或 OPRP 控制的食品安全危害；

2）与 CCP 对应的 CL 或与 OPRP 对应的行动标准；

3）监视程序；

4）CL 或行动标准偏离时采取的纠正和纠正措施；

5）职责和权限；

6）监视记录。

对于 2005 版标准可采用目视检测等感观方法实施临界值的监视，如烂果的挑选、原料的成熟度等控制点，应有明确的指导文件并通过相应的培训保证不同人员具有同样的能力。新标准中，关键限值应可测量，关键限值不应以感官描述的方式出现；但可以通过转换，作为可测量的值，如烂果的挑选，可用有 $1cm^2$ 或一元硬币大小的烂疤果，经抽检不得超过 5%。

对每个 OPRP 的控制措施或控制措施的组合建立监测系统，来监测作用失效使其满足行动准则；针对关键限值进行有计划的测量。

每个关键控制点和每个 OPRP 的监视系统，应由成文信息组成，包括：

1）在适当的时间范围内提供结果的测量或观察；

2）使用的监测方法或装置；

3）适用的校准方法，或用于 OPRPs，用于验证可靠测量或观察的等效方法；

4）监视频次；

5）监视结果；

6）与监视有关的职责和权限；

7）与评价监视结果有关的职责和权限。

在每个 CCP 中，监视方法和频次应能够及时发现任何作用失效以保持在关键限值内，以便及时隔离和评估产品。

对于每个 OPRP，监视方法和频次应与其失效的可能性和后果的严重性成比例。

当监测操作性前提方案是基于观察的主观数据（如视觉检测）时，该方法应有指导书或规范的支持应规定当关键限值和行动准则未满足时所采取的纠正和纠正措施，应确保：

1）不放行潜在不安全品；

2）识别不合格的原因；

3）CCP 或 OPRP 控制的参数回到关键限值或行动准则内；

4）防止再发生。

当 CCP 或 OPRP 失控时受影响的产品必须经安全性评估后才能放行（表 7-10）。

表 7-10　控制计划表示例

过程名称	控制的危害	控制措施	监控程序				纠偏行动	记录	验证
			对象	方法	频率	人员			
人工拣选	霉菌毒素	OPRP 霉烂果率≤5%	霉烂果	人工拣选	每 2h 抽查一次	质检员	及时增加拣选果人员或调小进料量	《烂果率抽检记录》	记录复核、计量秤校准、成品检测
杀菌冷却	致病菌残留	CCP 巴氏杀菌温度≥93℃，时间以泵频表示为≤70Hz，冷却温度≤30℃	泵频表	观察屏幕及仪表显示自动记录仪记录	温度记录仪连续记录操作工每小时检查并记录	杀菌操作工	调整工艺参数达到工艺要求；对出现偏差时段的产品进行隔离或扣留；按《潜在不安全产品处置程序》	对杀菌冷却（CCP）工序运行记录	班长复核运行记录并签字；监控仪表定期校准；终产品进行微生物检测

7.2.6　控制措施组合的确认

食品安全危害不是一项措施能够有效控制或避免的，而是通过多种控制措施及其组合来控制，为确保以控制措施组合为核心建立的食品安全管理体系的有效性，应对控制措施组合的有效性进行确认。

确认的目的是对 OPRP 和控制计划能否对食品安全危害实施有效控制提供证据，确定控制措施组合使最终产品满足已确定可接受危害水平的能力。如果经确认目前的控制措施组合未能达到将食品安全控制在可接受水平之内，就需要调整、重新设计控制措施组合。确认的内容不仅包含控制计划是否合理、科学，同时关注对前提方案、追溯要求、应急要求等的确认。确认可包括工艺确认、CCP 确认、OPRP 确认等，也包括对控制措施的综合效果确认（整个体系的确认），最终需要在这些确认活动的基础上，确认整个建立的体系是否满足运行的需要。因此，确认活动一般不可能是简单的一个会议就可以完成的。确认方法包括但不限于以下几项：

1）参考他人已完成的确认或历史知识。若参考他人完成的确认，应注意确保预期应用的条件与所参考的确认中识别的条件相一致。

2）用试验模拟过程条件。可要求在试验工场中按比例调整实验室内的试验，以确保该试验能正确反映加工参数和条件。

3）收集正常操作条件下生物、化学和物理危害的数据。可通过中间品和 / 或成品抽样和检验进行，该抽样和检验基于统计抽样计划和确认的试验方法。通常对于其他方法无法测量的控制措施（如与易变质食品贮存有关的消费者规范）较有用。

4）数学模型。

5）统计学设计的调查。

确认的时机包括初始确认、有计划的周期性确认或由特殊事件引发的确认。除了在最初建立体系的时候需要实施确认活动，在体系发生变化或运行一段时间之后都需要对体系保证食品安全的能力进行确认，以确保管理体系的持续有效。

初始确认一般指控制计划的运行之前实施的确认；有计划的周期性确认通常是在一定周期内例行的确认活动；由特殊事件引发的确认可以在以下情况下实施，如：

1）增加了控制措施、实施了新技术或设备；

2）增加了所选控制措施的强度（或严格程度），如时间、温度、浓度；

3）识别出了需组织控制的新食品安全危害（如发现以前未确定的突发食品安全危害或发生社会关注的与食品安全危害有关的事件，或以前已确定但评价为不需组织加以控制的危害）；

4）危害出现的位置或其水平发生变化（如在配料或食品链其他部分产生了新的危害）；

5）危害对于变化的控制措施发生的反应（如微生物适应性）；

6）食品安全管理体系不明原因的失误，包括如大批量不合格品的产生。

7.2.7 食品安全管理体系的验证

不验证不足以置信，所有制定的控制措施是否按照策划的要求运行，运行的结果是否满足预期的要求都需要通过验证活动来证明，组织应对验证的活动进行策划以保证能够对控制措施的过程和结果进行准确的评价，最终实现体系的更新与改进。

通过验证活动以证明建立的整个管理体系过程是受控的，产品的危害水平控制在可接受，所有的验证结果应有记录，保存并交流。

验证包含符合性及有效性两方面的验证策划活动。

符合性验证采用的方法可以包括现场检查、查看记录、内部审核等；有效性验证需要根据不同的验证内容策划不同的验证方法。比如，需要验证设备清洁的操作性前提方案是否实施有效，可以进行微生物的涂抹实验；验证原料农药残留是否在可接受水平内，可以进行原料或终产品的农残抽检，或者还需要包括原料基地的现场检查等。当然，验证策划的方法应是可行的，并能够真正实现对有效性的验证。

根据验证策划，需要对验证活动结果实施评价，确定这些过程是否有效实施，是否已达到将食品安全控制在可接受水平。

比如，根据策划，采用现场检查及重点部位微生物的涂抹实验的方法实施某现场的食品接触面卫生清洁措施的验证；在实施后，需要对检测结果进行综合评价，确定现场的控制过程是否有效。当验证结果不符合策划的安排时，说明我们建立、实施的体系在某一方面存在问题，只有通过评审，找到问题的原因才可能采取措施解决问题，保证系统有效。

验证活动可由各部门进行，但结果由食品安全小组进行分析。验证结果分析是食品安全小组的职责，此项活动是对食品安全管理体系的综合、全面的分析，为绩效评价（内部审核，管理评审等）提供输入，而且对潜在不安全产品的风险发生趋势要进行分析。

常见的验证活动一般分为：日常验证和定期验证。

1）日常验证活动采用的方法是与日常对体系监视时所用的方法相区别的，一般包括：

①评审监视记录，如车间主管检查卫生管理情况；

②评审偏离及其解决或纠正措施，包括处理受影响的产品；

③校准温度计或者其他重要的测量设备；

④直观地检查操作来观察控制措施是否处于受控，如分析测试或审核监视程序；

⑤随机收集和分析半成品或终产品样品；

⑥环境和其他关注内容的抽样；

⑦评审消费者或顾客的投诉来决定其是否与控制措施的执行有关，或者是否揭示了未经识别的危害存在，是否需要附加的控制措施；

⑧对于质量记录的检查；

⑨对于现场操作执行情况的复查；

⑩对产品的检验；

⑪对于工作环境卫生状况的微生物抽样检测等。

2）定期验证活动涉及整个体系的评估。通常是在管理和验证的小组会议中完成，并评审。一个阶段内所有的证据以确定体系是否按策划有效实施，以及是否需要更新或改进。一般来讲，定期的验证活动通过内部审核活动来实现。

3）应明确验证活动的频次。验证活动的频率是与验证的内容和方法相关联的。日常验证活动的频率，应针对验证活动的重要性、风险等级、验证活动的成本等内容灵活加以考虑，一般为一周至半年的时间。定期验证活动的频率，由于是对体系的总体评价，宜至少每年用此方法来验证整个体系。具体做法如：

①每周对设备、工器具、台案、工作服表面、操作人员手表面、车间空气、包装间空气、卫生间空气进行一次微生物检测；

②每月对车间的真空系统、过滤机、离心机的仪表、网筛等进行一次内部校准/检查；

③每年对生产的产品送官方机构做全项检验一次等。

4）应明确验证活动的职责。验证活动不同于日常的监控措施，因此，实施验证活动的人员与日常监控的人员应有区别。如生产部负责工器具的日常清洗消毒，那么验证此项活动的人员应为品管部的质检员或实验室人员。对定期验证活动的人员，会有较高的要求，包括必要的培训、工作经验以及相应的专业知识等，所以应由食品安全小组人员负责。

5）应确定验证活动的对象，即验证的内容。对于应验证的内容，在标准中有明确的界定，包括：

①前提方案得以实施：重点在于基本设备设施、工厂流程和布局、日常卫生管理活动的；

②危害分析的输入持续更新：重点在于当原辅料和产品特性、流程图、产品的

预期用途等信息更新后，验证食品安全小组是否及时对危害分析进行相应的调整、有效性检查；

③危害水平在确定的可接受水平之内：可以通过对终产品、过程产品的检验来验证危害的控制是否有效；危害控制计划（HACCP/OPRP 计划）中的要素得以实施且有效；重点在于检查 HACCP/OPRP 计划中规定的内容和要求是否在管理过程中得到有效实施。

组织在确定某次或某一阶段验证活动的内容时，可结合验证活动的目的将上述内容适当的组合，不必拘泥于某种形式。关键在于验证活动的内容和结果是否能达到验证的目的，应关注验证活动的有效性。组织要求的其他程序得以实施，且有效。内部审核、管理评审按程序要求得以有效实施文件与记录按程序要求得到有效控制，内外部沟通顺畅、信息交流充分等。

在验证实施阶段，应严格按照验证策划的要求实施验证活动。验证记录应能够全面反映验证方法、验证过程和验证的结果。验证记录需有验证人员签字，并由主管人员审核。

7.2.8 可追溯和撤回

可追溯系统的建立是企业食品安全管理体系持续改进，及时撤回不安全产品、消除不良影响的重要手段。第一，组织应建立且实施可追溯体系，以确保能够识别产品及其原料批次、生产和交付记录的关系；第二，可追溯体系应能够识别直接供方的进料和产品初次分销的途径；第三，可追溯体系应按规定的期限保持可追溯性记录，以便对体系进行评估，使潜在不安全产品得以处理；在产品撤回时，也应按规定的期限保持记录。可追溯记录应符合法律法规要求、顾客要求。

组织还应定期验证所建立的可追溯系统的有效性，必要时，此验证计划包括确认终产品数量与原辅材料数量之间的关联和一致性。生产过程通过产品标识、工艺流程单、生产记录等可以追溯加工过程中影响产品安全的危害。流通过程通过产品标识、合格证明、发货记录、财务台账等可以追溯不同批次产品的分销区，实现由终产品消费者到生产过程，再由生产过程到原料来源的系统追溯。

记录保持是最主要的实现产品可追溯性的方法，通常记录的保存期应不少于产品的保质期和 / 或货架期，法律法规和顾客有要求时，应满足其记录保持要求。《食品安全法》第五十条“食品生产组织应当建立食品原料、食品添加剂、食品相关产品进货在验记录制度，如实记录食品原料、食品添加剂、食品相关产品的名称、规格、数量、生产日期或者生产批号、保质期、进货日期以及供货者名称、地址、联系方式等内容，并保存相关凭证、记录和凭证保存期限不得少于产品保质期满后6个月，没有明确保质期的，保存期限不得少于2年”。

组织应决定为实现可追溯体系目标所需的文件。文件至少应包括：

1）食品链中相关步骤描述；应在可追溯体系中建立处理不符合的程序，这些程序应包括纠正和纠正措施。

2）追溯数据管理的职责描述以确保文件的充分与适宜，必要时对文件进行评审与更新，并再次批准确保文件清晰、适宜。

3）记载可追溯性活动和制造工艺、流程、追溯验证和审核结果的书面或记录信息。

4）管理与所建立的可追溯体系有关的不符合所采取措施的文件。

5）记录保持时间。关于文件控制管理，应确保对所有提出的更改在实施前加以评审；文件发布前得到批准，关于记录管理，应建立并保持记录，以提供符合要求的证据；记录应保持清晰、易于识别和检索；应规定记录的标识、贮存、保护、检索、保存期限和处理所需的控制点和现行修订状态得到识别；确保在使用处获得适用文件的有关版本，外来文件得到识别，并控制其分发；防止作废文件的非预期使用，若因任何原因而保留作废文件时、确保对这些文件进行适当的标识。

7.2.9 外部沟通和应急预案

7.2.9.1 外部沟通

外部沟通是指企业外部对企业的食品安全管理体系运行有效性有影响的所有相关方之间的沟通，包括组织的供应商、承包商、客户、消费者、执法监管部门，其他组织等。

外部沟通的目的是通过与处于食品链的各个相关方交换、获取食品安全有关信息，确保食品安全危害在食品链的每一环节通过相互作用得到控制，具体可表现在以下几方面：

（1）来自外部的供应商和承包商

针对那些必须在食品链的其他环节得到控制的食品安全危害，而不由或不能由企业自身控制，可与食品链的上下游进行沟通，要求对相关方面进行控制。比如农药残留的监控问题，很多组织没有条件建立自己的基地，只能以与种植户或中间收购商签订协议的方式，在协议中明确农药使用种类及方法等，并通过沟通使其认识农药残留对产品安全的重要性，达到控制农药残留的目的。另外，针对承包商的沟通也是非常重要的，需要组织及时沟通了解、掌握其控制食品安全的措施，必要时应予以现场指导、督查，直至更换承包商，最直接的例子就是针对生产加工过程的外包控制。

（2）来自客户和/或消费者

1）通过与客户和/或消费者的沟通，及时获取客户和/或消费者对食品的安全要求，从而确保食品链内或消费者的安全搬运、陈列、储存、制备、分发和使用有关的产品信息。例如当组织的生产过程中出现异常时，如金属探测器故障、监控设施验证出现非预期的偏离等导致产品安全风险加大时，组织可以通过与客户沟通的方式保证客户原料供给的前提下，要求客户的后续控制措施加强可以共同实现食品链产品的安全，在不影响食品链生产的同时也可以保证最终消费者的安全。

2）通过与客户和/或消费者沟通，获得需要由食品链内其他组织和/或消费者控制的已确定的食品安全危害，例如与最终消费者的沟通，需要明确告诉消费者有关产品的必要信息，如预期用途、特定的贮存要求以及保质期等，从而保证消费者能正确安全地获得和食用该产品，防止不必要的食品安全事故。

3）一定要重视客户和/或消费者的合同约定、订单及其补充协议或条款，尤其针对其中的一些危害性指标进行严控，以确保食品安全。如客户订单中约定的水分含量，可能会导致食品的变质，组织就必须在生产加工过程中，对相关的环境、设备、设施、操作等要求做出规定，并严格执行。

4）应重视客户和/或消费者的反馈意见，对消费者的问询应给予耐心、详细、明确的答复。对待顾客的反馈信息，包括他们的投诉、抱怨等，需及时进行沟通和处理。

（3）来自法律监管部门

组织应保持与立法、执法、监管部门以及其他相关组织的沟通，可以随时获取立法、执法、监管部门的食品安全要求，了解食品安全控制动向。

（4）来自其他组织

组织应积极参与、保持与那些对食品安全管理体系的有效性或更新有影响或受其影响的其他组织的沟通，如行业性协会、媒体、检验机构、认证机构、科研院所等积极获取相关的食品安全知识、经验、方法等，用于本组织的控制措施的持续改进。

7.2.9.2 应急预案

应急预案是企业对自身可能发生的食品安全事故或紧急情况做好应急准备与响应控制措施，确保食品安全事故或紧急情况发生时得到及时处理，减少风险和损失而制定的指导性文件。应急预案要把保障公众健康和生命安全作为应急处置的首要任务，建立领导机构，明确分工，统一领导。

组织在编写应急预案时，首先应结合组织实际，即对组织的可能发生的事故和紧急情况进行预测，提供应急预案编制的依据，为应急准备和响应提供必要的信息和资料。

识别潜在紧急情况和事故时，要以企业所使用的原料、产品以及生产工艺自身特点分析生产过程、生产设备、运输的具体情况，识别出可能发生的事故和紧急情况，如重大的食品安全事故，停水、停电、设备故障、火灾、爆炸等突发情况。

应急预案的核心内容一般包括：

1）潜在紧急情况或事故性质及其后果的预测分析、评价；对产品安全性带来的主要影响，万一发生事故或紧急情况所采取的措施。

2）应急各方的职责、权限，如组织应急领导小组、临时指挥者及其后补负责人名单、应急准备和响应（现场生产安排指挥、产品处理、设备修理、生产恢复）等各阶段中的主要负责人、协助部门及任务分工。

3）应急准备和响应中可用人员、设备设施；经费和其他资源，必要时包括社会和外聘人员，如组织和市消防队员、医疗人员、食品安全专家、环境监测人员等，明确他们的联系电话和备用电话，规定报警、联络步骤。

4）在潜在事故发生时，明确做出响应步骤，尽可能减少食品安全影响，采取安全的有效措施消除危害后果，明确规定恢复现场的职责、步骤，规定现场清理和设施恢复步骤和义务。

针对恢复后的生产情况进行监测、事故调查和事故后果评估，以达到避免现场恢复过程中可能存在的紧急情况和新的污染的目的，并为长期恢复提供建议和指导，明确规定对应急预案的全员培训和演练的计划、频次、内容，演练或突发事件后，在规定时间内定期评审预案等。

5）涉及潜在不安全产品时，组织应针对潜在不安全产品启动相应的纠正和纠正措施，并按照潜在不安全产品处理程序对受到影响的产品进行评估后给予处置。

7.2.10 文件要求

公司的管理体系文件通常分为4个层次：手册、程序文件、部门管理制度汇编（包括作业文件、管理制度等）、记录。ISO的新版国际标准如质量管理体系（ISO 90001）、环境管理体系（ISO 14001）和食品安全管理体系（ISO 22000）等均采用了高级结构，便于各个管理体系的融合，食品安全标准没有要求必须建立食品安全手册，但是标准明确了必须有形成成文信息即文件和记录。

1）标准中要求必须形成的文件有（括号内为ISO 22000:2018相应的条款）：

①确定食品安全管理体系的范围（4.3）；

②沟通食品安全方针（5.2.2）；

③组织应在食品安全管理体系的相关职能和层次上建立食品安全目标（6.2.1）；

④前提方案（8.2）；

⑤应紧急准备和响应（8.4）；

⑥原材料、配料和产品接触材料（8.5.2）；

⑦终产品的特性（8.5.3）；

⑧危害分析和控制措施的确定（8.5.2.2）；

⑨危害评估（8.5.2.3）；

⑩控制措施的选择和分类（8.5.2.4）；

⑪危害控制计划（8.5.4.1）；

⑫关键限值和行动标准［在基于观察（如：目视检查）的主观数据监视某一操作前提方案时，应使用说明书或规范加以辅助］（8.5. 4. 2）；

⑬不合格品的控制（8.9.2.1）；

⑭纠正措施（8.9.3）；

⑮撤回和召回等（8.9.5）；

⑯其他需要制定的文件，如：通常食品生产服务组织还需要指导生产服务过程，一般需要建立以下文件。例如，食品防护计划、致敏原交叉接触管理制度、食品欺诈预防和缓解计划、文件记录控制规定、环境卫生及安全管理制度、设备维护保养制度、润滑油使用规定、SSOP、检验计划（含原辅料半成品、成品检验、PRP和危害控制计划验证规定、潜在不安全产品评估处置规定等）、原辅料、包材供方控制制度、顾客投诉处置规定、产品撤回及召回规定、产品追溯制度等。

2）标准中要求必须建立的记录有（括号内为标准号）：

①人员能力的证据（含外部专家）（6.2.2）；

②食品安全的外部要素（7.1.5）；

③外供方的评价和再评价（7.1.6）；

④外部沟通的证明（7.4.2）；

⑤证明过程已经按策划进行所需的记录（8.1）；

⑥追溯体系的证明（8.3）；

⑦终产品的预期用途（8.5.4）；

⑧流程图现场确认（8.5.5）；

⑨控制措施能够达到预期结果的证据（8.5.3）；

⑩危害控制计划的实施记录（8.5.4.5）；

⑪监视和测量资源的校准与检定（外校与内校）的证据（8.7）；

⑫不合格（含不合格品）与纠正措施的证据（10.1）；

⑬潜在不安全产品的处理和不合格产品的处置（8.9.4）；

⑭产品验证的记录和产品放行评估结果（8.9.4.2）；

⑮撤回 / 召回的记录（8.9.5）；

⑯分析和评价的结果（9.1.2）；

⑰内部审核实施及其结果的证据（9.2）；

⑱管理评审结果的证据（9.3）；

⑲管理体系更新的记录（10.3）；

⑳其他需要制定的记录，如通常食品生产和服务企业根据法律法规、追溯和顾客的要求补充的部分记录（如每日卫生检查记录、消毒液配置和监测记录、灭鼠检

查记录、杀虫剂使用和保管记录、化学品出入库及使用记录、成品出库温度检测记录、冻库温度监控记录、厂区卫生、安全检查记录、文件发放和回收记录、成文信息报废和销毁记录、顾客投诉处理记录、危害控制计划确认及验证记录等）。

7.3 常见问题

7.3.1 操作性前提方案（OPRP）和前提方案（PRPs）之间是什么关系？

从字面意思理解，操作性前提方案是前提方案的一部分；但实际上两者有根本性的区别。

1）前提方案是保证组织内和整个食品链的食品安全所必需的基本条件和活动；

2）操作性前提方案是用来预防或降低显著食品安全危害到一个可接受水平的控制措施或其组合，是通过行动标准、测量活动、观测活动来有效控制加工过程和/或产品。

由此可见前提方案是基础，是保证食品安全的基础，但组织提供了这个基础之后，食品安全控制水平会停滞在某个阶段，而无法进一步予以提供保障；而操作性前提方案是经过危害分析后得出的为了控制显著食品安全危害而采取的措施，可以根据组织的各方面变化予以改动，并对过程和/或产品采取措施。因此，一个组织必须具备良好的前提方案，在此基础之上才能凸显操作性前提方案的作用。

7.3.2 操作性前提方案（OPRP）和HACCP计划的不同点有哪些？

1）监控对象的性质不同：CCP 对应的 CL 控制对象是可测量的、OPRP 对应的行动标准控制对象是可测量的或可观察的，虽然都是对可接受与不可接受的区别，但前者是判定值、后者规范；

2）监控过程的程度不同：CL 的符合性是要确保可接受水平不被超过，行动标准的符合性是有助于确保可接受水平不被超过，故前者是直接性非常突出，后者兼具直接性和间接性特征；

3）监控方式的针对性不同：CCP 的监控是针对每一个控制措施或其组合、要发现任何一处 CL 的偏离、且包括所有的控制计划时间表；OPRP 的监控时针对控制措施或其组合、发现行动标准的偏离、不明确说明控制计划时间表，可以描述为前者针对每一个监控对象、后者针对每一类监控对象；

4）监控的受影响产品的处置不同：发生 CL 偏离的受影响产品必须即时作为潜在不安全产品予以处置，发生行动标准偏离的受影响产品则需要进行评价后再予以放行或作为潜在不安全产品予以处置；

5）监视的方法和频率不同：CCP 的每一个监视方法和频率要求即时发现 CL 偏离，从而能即时进行产品隔离或产品评价；OPRP 的监视方法和频率要求与控制措施失效的可能性及严重性相互匹配即可，而且 OPRP 的监控包括具有观察性质的主观数据性监测行为。

7.3.3 食品、饲料、动物食品的概念有什么区别？

食品是供人类和动物食用，包括饲料和动物食品。

饲料是供饲养产肉动物食用。

动物食品是用于喂养非产肉动物（如宠物）的一种或多种产品，无论是加工的、半加工的还是生的。

7.3.4 行动标准与关键限值（CL）值的区别是什么？

关键限值的定义：区分可接受和不可接受的判定值。

注：设定关键限值，确定 CCP 是否受控。如果超过或不符合关键限值，受影响的产品必不可少需视为潜在不安全的产品。

行动标准定义：监视操作性前提方案的可测量或可观测的规范。

注：制定行动标准，以确定操作性前提方案（3.31）是否在控制范围内，区分可接受（符合或达到标准指操作性前提方案按预期运行）和不可接受（不符合或未达到标准指操作性前提方案未按预期运行）。

关键限值（CL）针对关键控制点，必须可测量；

行动标准针对操作性前提方案，可以是不可测量的。

第8章

CHAPTER 8

危害分析与关键控制点体系认证

食品生产加工过程（包括原材料采购、加工、包装、贮存、装运等）是预防、控制和防范食品安全危害的重要环节。《食品安全法》第四十八条规定“国家鼓励食品生产经营企业符合良好生产规范要求，实施危害分析与关键控制点体系，提高食品安全管理水平”。

危害分析与关键控制点（HACCP）体系是一种科学、合理、针对食品生产加工过程进行过程控制的预防性体系，这种体系的建立和应用可保证食品安全危害得到有效控制，以防止发生危害公众健康的问题。本章针对申请 HACCP 体系认证的条件、生产经营企业管理要求、常见问题进行解析。

8.1 申请HACCP体系认证的条件

8.1.1 资质要求

任何计划申请 HACCP 认证的生产经营企业都应具备一定的基础条件才能开展此项工作，而企业应具备的条件不仅仅包括如下的基本要求，也应根据这些基本要求和 8.2 的管理要求形成适合企业自身特点及其产品要求的管理制度。基本要求包括：

1）取得国家市场监督管理部门或有关机构注册登记的法人资格（或其组成部分）。

企业应具备有效的营业执照、外资企业证明等法人资格或分支机构营业执照，若有变更，应有市场监督管理部门出具的证明材料。

2）取得相关法规规定的行政许可文件（适用时）。

行政许可文件中包括但不限于食品生产许可证、食品经营许可证、印刷许可证、生产许可证等；部分食品加工企业可能没有类似生产许可证等行政许可文件；出口企业还应包括出口备案证明等行政许可文件。

3）未被国家企业信用信息公示系统列入“严重违法失信企业名单”。

企业可以登录国家企业信用信息公示系统（http://www.gsxt.gov.cn）进行查询，并下载或截图予以证明。

4）生产经营的产品符合我国和进口国（地区）相关法律法规、标准和规范的要求。

仅在国内生产经营的企业（以销售地为准，产品仅在国内销售）应识别、收集、理解这些相关要求并生产经营符合这些要求的产品；外销的生产经营企业则还应识别、收集、理解这些进口国（地区）即产品消费地相关要求并生产经营符合这些要求的产品。

5）建立和实施文件化的 HACCP 体系，且体系有效运行 3 个月以上。

企业应依据《危害分析与关键控制点（HACCP）体系认证实施规则》规定的认证依据和要求制订体系文件，包括但不限于 HACCP 手册、程序文件、HACCP 计划、前提计划、食品防护计划等，及适用于企业实际情况的规章、制度、记录等；企业的体系文件应至少实施 3 个月以上，且有相关的记录作为证据，具体内容见 8.2 生产经营企业管理要求。

6）1 年内未发生违反我国和进口国（地区）相关法律法规、标准和规范的要求。

企业需要明白，任何违规违法的事情都是认证所不允许的，企业如果隐瞒违规违法行为，则被认为是不诚信，即使已获得 HACCP 认证证书也会被暂停甚至撤销。

7）3 年内未因违反《危害分析与关键控制点（HACCP）体系认证实施规则》中 6.2.2（4）、（5）条款而被认证机构撤销认证证书。

《危害分析与关键控制点（HACCP）体系认证实施规则》中 6.2.2（4）获证组织出现严重食品安全卫生事故或对相关方重大投诉未能采取有效处理措施的；（5）获证组织虚报、瞒报获证所需信息的。这两个条款是企业应保持的底线，也是绝对不能触碰的红线。如果因为这两个条款而被认证机构撤销过认证证书的企业，在认监委网站有所记录，将在 5 年内不被任何认证机构接收认证申请。

8.1.2 认证申请要求

企业应评估相关基础条件是否满足如上要求，生产加工车间和相关场所是否持续满足相应法律法规、标准和规范的要求，同时应准备如下相关文件和资料，但不限于所列内容：

1）认证申请。

认证申请是生产经营企业向认证机构阐述大体情况的资料，详细阐述申请HACCP认证所需要的基本信息，如名称、注册地址、生产地址、产品名称等信息。常见的认证申请是由认证机构制订固定格式的“认证申请书”和“认证调查表”，需要企业盖章和/或签字确认，填写信息要真实、准确、无误。

2）法律地位证明文件复印件。

生产经营企业应提供法律地位证明文件复印件，如营业执照、外资企业批准许可证等。

3）有关法规规定的行政许可文件和备案证明复印件（适用时）。

生产经营企业应提供行政许可文件和备案证明复印件，适用时包括但不限于食品生产许可证、食品经营许可证、印刷许可证、生产许可证等，包括许可证包含的副本、附页；部分食品加工企业可能没有类似生产许可证等行政许可文件；出口企业还应包括出口备案证明等行政许可文件。

4）HACCP体系文件（包括产品描述、工艺流程图、工艺描述、危害分析及相应的控制措施及验证要求等）。

根据HACCP认证依据要求，生产经营企业应策划、制订、实施适用于自身的规章制度，包括HACCP手册（此为企业HACCP体系的纲领性文件，并由此引出其他体系文件和规章制度，类似于企业的宪法）、良好生产规范（GMP）（此为企业根据国家标准、规范等结合自身制订出的基本制度，类似于企业关于生产加工操作的总则）等文件，具体内容见8.2生产经营企业管理要求。生产经营企业应在体系文件中清晰描述各种产品及加工工艺的各个步骤，描述的程度应确保操作人员准确无误地进行操作，以防遗漏或错误操作，如温度、湿度、时间、速度等参数。在此基础上，对每一步骤进行危害分析并制订出对识别并分析出的各个食品安全危害的控制措施，并适时对控制措施予以验证。总之，HACCP体系文件是生产经营企业的重心，应精心策划，严格执行。

5）组织机构图与职责说明。

生产经营企业应建立严密的组织机构，包括但不限于生产部门、质量部门、技术部门、行政人事部门等；组织结构应与规章制度保持一致，还应适用于生产经营；此外，还应明确各个部门、各个岗位的职责和权限，确保 HACCP 体系落实到实际工作过程中。

6）厂区位置图、平面图，加工车间平面图，加工生产线、季节性生产和班次的说明。

生产经营企业应在厂区和各区域的规划基础上，绘制出厂区位置图、平面图、加工车间平面图，其详细程度应描绘出工厂四周情况、厂区分布情况及车间内各区域划分情况、设施设备放置和使用情况、人员行动方向、物资流动方向、虫鼠害防治情况等，必要时还包括生产用水流动方向、洁净空气流动方向等；并详尽说明生产线的数量、设计和实际生产能力、全年生产还是某个时间段生产、有无倒班等情况。生产经营企业需在认证机构的认证调查表中一一对应的描述和 / 或提供说明材料。

7）食品添加剂使用情况说明，包括使用的添加剂名称、用量、适用产品及限量标准等。

生产经营企业应跟踪了解相关法律法规、标准和规范的动态，及时识别、收集、理解食品添加剂的规范性管理文件，持续保证食品添加剂的规范使用。生产经营企业应根据相关规范性管理文件分别描述“在使用的各种食品添加剂名称、用量、适用产品、限量标准等”。

8）生产、加工或服务过程中遵守适用的我国和进口国（地区）相关法律法规、标准和规范清单。

企业应确保生产、加工或服务过程中遵守法律法规、标准和规范等要求；因此，无论是企业的负责人还是技术人员都应该识别、收集、学习我国相关法律法规、标准和规范等，如法律有《食品安全法》《产品质量法》等，如法规有《食品安全法实施条例》《认证认可条例》等；如标准包括国家标准、行业标准、地方标准、企业标准，如果执行企业标准，应该有标准备案的证据如备案截图、备案纸质标准、备案批准书等；如规范有 GB 14881《食品安全国家标准　食品生产通用卫生规范》、GB 12693《食品安全国家标准　乳制品良好生产规范》等；当然如果企业属于出口企业，还包括进口国（地区）即产品消费地的法律法规、标准和规范等；部分出口企业的产品标准采用客户合同或协议的方式。

9）生产、加工主要设备清单和检验设备清单。

生产经营企业应详细列出生产加工的设备，包括但不限于设备的名称、型号、数量、状态等，管理规范的企业还对设备进行编号、建立档案、规范使用部门等；生产用的检验设备（如计价秤、温度计、压力表等）和产品检验用的设备（如电子天平、温度计、压力表等）同样应列出清单。

10）多场所清单及委托加工情况说明（适用时）。

多场所即存在多个生产加工地点，而非存在多个生产加工车间。当存在多场所时，生产经营企业应详细描述各个场所的具体位置并列出清单；如果企业存在委托加工的方式，应详细描述委托加工的情况。

11）产品符合安全要求的相关证据；适用时，提供由具备资质的检验检测机构出具的接触食品的水、冰、汽符合卫生安全要求的证据。

生产经营企业宜定期委托检测产品，且保留检测报告。在开展 HACCP 认证时，需要企业提供产品符合安全要求的相关证据，而最近 1 年内的产品检测报告是相对直接的符合性证据，建议每个产品有 1 份检测报告，而国抽、省抽、市抽的产品检测报告，也适用于证明产品符合安全要求的证据。如果在生产加工过程中需要用水、冰、汽做配料或用水、冰、汽接触产品，生产经营企业应把生产场所内的水、冰、汽送检；承检的检验检测机构应具备相关检测能力，建议通过认可的检验检测机构。

12）承诺遵守相关法律法规、认证机构要求及提供材料真实性的自我声明。

诚信是生产经营企业的基本素养，应确保不违反法律法规、认证机构要求，且提供的材料真实。生产经营企业应签署提供材料真实的自我声明。

13）其他需要的文件。

适用时，生产经营企业应提供其他资料，如环境评价资料、安全监督资料等。当认证依据发生变化时，企业也应提供对应变化所需提交的相关资料，如食品欺诈预防资料、过敏原防控资料。关于乳制品行业需要增加相关的文件和内容，如奶源半径、产品生产加工量核算等。生产经营企业还应关注认证机构的特殊要求，提供所需的资料，如某类产品认证实施细则等。

8.2 生产经营企业管理要求

任何一个食品生产经营企业的最主要责任就是生产经营安全的产品，在此过程之中 HACCP 体系是一种有效控制食品安全危害的系统化管理手段，但不能仅靠 HACCP 计划来解决管理过程中的一切问题。尤其当企业的基础条件和卫生条件很差、日常管理不严格、员工的意识和能力不足的时候，都会引来或多或少的食品安全问题。

要运用好 HACCP 体系这个管理手段，生产经营企业就应具备好的前提条件。结合企业自身实际情况，充分策划 HACCP 体系所涵盖的各个过程和要求，如基本要求、良好操作规范（GMP）、卫生标准操作程序（SSOP）等，让全体员工真正贯彻落实，夯实基础，严控食品安全危害，保证食品安全。

8.2.1 基本要求

8.2.1.1 总要求

最高管理者（通常是总经理或董事长或法人代表）是确保 HACCP 体系良好运行的前提，其食品安全意识和管理能力应持续保持和提升。最高管理者应指派相应的负责人如 HACCP 小组组长开展相应的工作：

1）策划、实施、保持、改进、更新 HACCP 体系需要的每个过程和因素，且保证有人力、物资、设备、场所、资金等资源，保证每个环节能保质保量完成。

2）识别企业产品所处的食品链位置，确定企业的 HACCP 体系的范围，明确该范围所涉及的步骤与食品链范围内其他步骤之间的相互关系。

3）确保对任何影响产品符合食品安全要求的外包过程实施控制，并在 HACCP 体系中加以识别和验证。在验证中，产品安全与相关法规、标准的符合性应得到重点关注。

4）确保 HACCP 体系得到有效实施，使产品安全得到有效控制。当产品安全发生系统性偏差时，应对 HACCP 计划进行重新确认，使 HACCP 体系得以持续改进。

为了保证HACCP体系的有效性。管理的对象包括最高管理者的管理过程，含前提计划的HACCP应用过程，验证、分析和改进过程。体系的建立包括规定企业在HACCP体系内的结构、职责、过程和资源；体系建立的结果应当文件化；体系实施指运行体系的过程；体系保持表示持续运行这些过程；体系更新要求将相关的最新信息、技术、方法等要素应用于这些过程的运行，以保持过程实现所策划结果的能力；体系的持续改进要求不断地将相关的先进理论、技术、方法等要素应用于这些过程，以提高过程实现所策划结果的能力；确保体系的有效性要求切实保证HACCP体系过程的运行能够实现所策划的结果。

最高管理者的管理过程是实现HACCP体系的前提和保证；前提计划、HACCP计划规定了对潜在危害、显著危害进行预防、实施控制的过程；验证、分析和改进过程用以验证和保证HACCP体系持续的有效性。

8.2.1.2 体系文件要求

体系文件包括HACCP手册、程序文件、前提计划、HACCP计划、食品防护计划、规章制度、作业指导书、操作规程等。体系文件是HACCP体系运行的依据，可以起到沟通意图、统一行动的作用。HACCP手册是规定企业HACCP体系的文件，HACCP手册应包括：

1）HACCP体系的范围，包括所覆盖的产品或产品类别、操作步骤和场所，以及与食品链范围内其他步骤之间的相互关系；

2）为HACCP体系编制的形成文件的程序或对其引用；

3）HACCP体系过程及其相互作用的表述；

4）HACCP体系要求是对文件的编制、评审、批准、标识、发放、使用、更改、再批准、召回、作废、处置等全过程的系统管理。HACCP体系的实施主要依靠文件统一员工的行动，任何文件错误将直接影响体系运行的有效性。

需要提醒的是，记录也是一种特殊类型的文件，用于提供所完成活动的证据，不能随意更改，应需批准。记录是证实HACCP体系的符合性和有效性的主要证据之一，并为体系的更新或改进提供线索。这些记录最少包括：

1）本书8.1中所需的记录；

2）前提计划所需的记录；

3）HACCP 计划所需的记录；

4）内外部沟通所需的记录；

5）管理评审所需的记录；

6）内部审核所需的记录；

7）过程监视、测量和确认所需的记录；

8）产品监视、测量和确认所需的记录；

9）信息收集和分析所需的记录；

10）改进所需的记录等。

8.2.1.3 管理职责要求

有效的管理需切实的落实，企业在运行 HACCP 体系的时候，需确保下面几个方面真正做到位，确保产品安全。

（1）管理承诺

最高管理者应让员工和消费者了解食品安全的重要性，制定食品安全方针，落实食品安全目标，主持管理评审工作，保证人财物等资源的提供。管理承诺提供证据的活动需要最高管理者直接负责。最高管理者所做承诺的实现对确保 HACCP 体系建立与实施的有效性具有重要意义。

（2）食品安全方针和目标

最高管理者应当建立以消费者食用安全为关注焦点的理念和意识，并制定相应的食品安全方针。食品安全方针要通过满足食品安全目标来实现。食品安全方针的内容应：包括满足消费者和法律法规对食品安全的要求的承诺，与企业在食品链中为保证食品安全方面所承担的责任相适应，提供制定和评审食品安全目标的框架，在企业内得到充分沟通和理解，在持续适宜性方面得到评审。

为了实现方针，最高管理者应当确保在企业的相关职能和层次上建立食品安全目标，食品安全目标包括满足安全产品要求所需的内容。食品安全目标应当是可测量的，并与食品安全方针保持一致。

（3）职责权限

最高管理者应当根据策划的安排，确保企业在食品安全 HACCP 体系内的职责和权限得到规定和沟通。体系策划的结果确定了 HACCP 体系过程对企业的职责、权限的需求，为企业做出相应规定提供了依据。进行职责和权限沟通的目的是保证 HACCP 体系过程的有效运行，使企业的行动协调一致，发挥体系的作用，为 HACCP 体系的有效性提供企业保证。当 HACCP 体系发生变更时，如果影响到已规定的职责和权限，企业应当重新予以规定和沟通。

最高管理者需指定一名 HACCP 小组组长，确保 HACCP 体系所需的过程得到建立、实施和保持，向最高管理者报告 HACCP 体系的有效性、适宜性和任何更新或改进的需求，确保在整个企业内提高满足消费者、法律法规和主管部门的食品安全要求的意识，领导和企业 HACCP 小组的工作，并通过教育、培训、实践等方式确保 HACCP 小组成员在专业知识、技能和经验方面得到持续发展。HACCP 小组组长对 HACCP 体系的建立、实施和保持负有直接责任，对体系的更新和改进负有向最高管理者报告的责任。

8.2.1.4 沟通

（1）内部沟通

最高管理者应当确保在企业内建立、实施和保持有效的沟通过程，方式方法包括开会、通知、微信、邮件、公告、例会等，形式可以是现场、视频、电话等，通过这些内部交流保证 HACCP 体系的有效性，应当确保在 HACCP 体系相关各类信息变化情况及时进行沟通。内部沟通可以增进体系各过程的责任人员之间的相互理解和协调，是过程有效运行的必要条件之一。内部沟通结果是信息分析过程的重要信息来源。

（2）外部沟通

最高管理者应当确保企业与供应商、承包方、消费者或其他顾客、食品安全主管部门以及其他产生影响的相关方进行必要的沟通，以保障产品的食用安全。企业实施外部沟通的对象主要是食品链内对保障所提供产品的食用安全产生影响的企业，沟通内容对保障企业所提供产品的食用安全应当具有必要性。

8.2.1.5 内部审核

企业应当按策划的时间间隔进行内部审核，以确定 HACCP 体系是否符合策划的安排和企业所确定的 HACCP 体系的要求；并保证 HACCP 体系得到了有效实施、保持和更新。考虑拟审核的过程和区域的状况和重要性以及以往审核的结果，应当对审核方案进行策划，以规定审核的准则、范围、频次和方法，并确认：

1）内部审核员应经过 HACCP 体系的培训。内部审核员的选择和审核的实施应确保审核过程的客观性和公正性，内部审核员原则上不应当审核自己的工作。

2）应当编制形成文件的程序，以规定策划和实施审核、报告结果和保持记录。负责受审区域的管理者应当确保及时采取措施，以消除所发现的不合格产品及其产生的原因。跟踪活动应当包括对所采取措施的验证和验证结果的报告。

3）内部审核是企业定期或在必要时自我检查 HACCP 体系实施的符合性和有效性的活动，也是验证活动的组成部分。内部审核的结论是管理评审输入的重要方面。

4）内部审核是持续改进 HACCP 体系的主要方式之一，企业实施内部审核的质量对确保 HACCP 体系的符合性和有效性具有重要意义。

5）内部审核应该保存好记录，最少包括：年度内部审核计划、内部审核实施计划、签到表、内部审核记录表、不符合项报告、不符合项的纠正和纠正措施记录、内部审核报告、不符合项整改验证记录等。

8.2.1.6 管理评审

管理评审是最高管理者为确保 HACCP 体系的适宜性、充分性和有效性所进行的对体系的系统评价。管理评审是最高管理者的职责之一，应按策划的时间间隔进行，由最高管理者主持，并应：

1）评审输入为管理评审提供充分和准确的信息，是有效进行管理评审的前提条件。评审输入应能够反映食品安全管理体系的适宜性、充分性和有效性的现状。在适用的情况下，企业应当提供文件化的输入信息，以便于管理评审活动的实施。

2）管理评审的输出包括针对方针目标、体系及其过程、产品和资源等 4 个方面需要调整的任何决定及措施。

3）管理评审应该保存好的记录，最少包括：年度管理评审计划、管理评审实施计划、签到表、管理评审会议记录表、管理评审输入材料、管理评审输出材料、管理评审报告、改进计划表、改进措施验证记录等。

8.2.2 良好操作规范（GMP）

良好操作规范（ Good Manufacturing Practice，以下简称 GMP ）是政府制定颁布的强制性食品生产、贮存卫生法规为基本的指导性文件。GMP 规定了食品加工企业基本必须遵循的状况和操作，以避免违法食品的产生。它包括了对食品生产、加工、包装、贮存、厂房、建筑物与设施、加工设备、用具、人员的卫生要求、培训、仓储与分销，并对环境与设备的卫生管理、加工过程的控制管理等都做了详细的要求和规定。GMP 作为食品生产、包装、贮藏、卫生、质量管理的强制性国家标准，具有法律上的强制性。一个企业如果要建立 HACCP 体系必须有效实施 GMP，充分有效的 GMP 将简化 HACCP 计划，而且会确保 HACCP 计划的完整性及加工产品的安全。

我国目前使用的 GMP 为 GB 14881—2013《食品安全国家标准　食品生产通用卫生规范》，2014 年 6 月 1 日起正式施行。这个标准适用于各类食品的生产，规定了选址和厂区环境、厂房和车间、设施与设备、卫生管理、食品原料、食品添加剂和食品相关产品、生产过程的食品安全控制、检验、食品的贮存和运输、产品召回管理、培训、管理制度和人员、记录和文件管理等方面的食品安全要求。该标准附录中的“食品加工过程的微生物监控程序指南”，针对食品生产过程中较难控制的微生物污染因素，向食品生产企业提供了指导性较强的监控程序建立指南。食品生产企业可以根据食品产品的特性和生产工艺技术水平等因素，制定适用于本企业的微生物监控程序，通过过程管理确保食品安全。

另外，卫生部自 1988 年起，制定了一系列食品加工企业卫生规范，目前大多数已修订，适用于不同产品类别的食品加工企业，如：

GB 8950《食品安全国家标准　罐头食品生产卫生规范》；

GB 8951《食品安全国家标准　蒸馏酒及其配制酒生产卫生规范》；

GB 8952《食品安全国家标准　啤酒生产卫生规范》；

GB 8953《食品安全国家标准　酱油生产卫生规范》；

GB 8954《食品安全国家标准　食醋生产卫生规范》；

GB 8955《食品安全国家标准　食用植物油及其制品生产卫生规范》；

GB 8956《食品安全国家标准　蜜饯生产卫生规范》；

GB 8957《食品安全国家标准　糕点、面包卫生规范》;

GB 12693《食品安全国家标准　乳制品良好生产规范》;

GB 12694《食品安全国家标准　畜禽屠宰加工卫生规范》;

GB 12695《食品安全国家标准　饮料生产卫生规范》;

GB 12696《食品安全国家标准　发酵酒及其配制酒生产卫生规范》;

GB 13122《食品安全国家标准　谷物加工卫生规范》;

GB 17403《食品安全国家标准　糖果巧克力生产卫生规范》;

GB 17404《食品安全国家标准　膨化食品生产卫生规范》;

GB 17405《保健食品良好生产规范》;

GB 19304《食品安全国家标准　包装饮用水生产卫生规范》;

GB 23790《食品安全国家标准　粉状婴幼儿配方食品良好生产规范》等。

为保证出口食品的卫生质量，规范出品食品加工企业的卫生管理，适应国外要求，自 1984 年以来，原国家商检局制定和颁发了一系列的法规文件，对出口食品生产和贮藏企业实施强制性的卫生管理。凡是从事出口食品生产、贮存的厂区、仓库都必须达到以上要求。这些强制性实施的卫生要求和规范构成了中国出口食品的 GMP，这些法规性的要求和规范同 CAC/WHO 主要卫生规范和美国 21 CFR 110 的规定是基本一致的。

根据如上的相关标准和规范的要求，企业需要形成一套适用于自己的、包含对应的相关要求和内容的 GMP 手册或者制度，此手册或制度可以与其他相关文件结合制订，也可以单独制订，但需要覆盖所有的设施、设备、人员、加工过程控制、管理制度等内容。

8.2.3　卫生标准操作程序（SSOP）

卫生标准操作程序（Sanitation Standard Operation Procedures，SSOP）是由食品加工企业帮助完成在食品生产中维护 GMP 的全面目标而使用的过程，尤其是 SSOP 描述了一套特殊的与食品卫生处理和加工厂环境的清洁程度及处理措施满足它们的活动相联系的目标。在某些情况下，SSOP 可以减少在 HACCP 计划中关键控制点的数量，使用 SSOP 减少危害控制而不是 HACCP 计划，不减少其重要性或显示更低的优先权。实际上危害是通过 SSOP 和 HACCP 关键控制点的组合来控制的。一般来说，涉及产品本身或某一加工工艺、步骤的危害由 CCP 来控制，而涉及加工环境或人员的有关危害通常由 SSOP 来控制。在某些情况下，一个产品加工操作可以不需要一个特定的 HACCP 计划，这是因为危害分析显示没有显著危害，但是所有的加工厂都必须对卫生状况和操作进行监测。目前国际上通用的卫生标准程序主要包括以下 8 个方面：

1）水和冰的安全性；

2）食品接触表面的清洁；

3）交叉污染的防止；

4）手清洁、消毒和卫生间设施的维护；

5）防止外来污染物污染；

6）有毒化合物的处理、贮存和使用；

7）雇员的健康状况；

8）害虫的灭除和控制。

企业在按照上述 8 个方面建立 SSOP 之后，还应设定监控程序，实施检查、记录和纠正措施。企业要在设定监控程序时描述如何对 SSOP 的卫生操作实施监控。监控程序中应指定何人、何时及如何完成监控。对监控结果要检查，对检查结果不合格的还必须要采取措施加以纠正。对以上所有的监控行动、检查结果和纠正措施都要记录，通过这些记录说明企业不仅制订并实行了 SSOP，而且行之有效。

食品加工企业日常的卫生监控记录是工厂重要的质量记录和管理资料，应使用统一的表格，并归档保存。卫生监控记录表格基本要素为：被监控的某项具体卫生状况或操作，以预先确定的监控频率来记录监控状况，记录必要的纠正措施。监控程序应包括：实行的程序和规范、负责人员、卫生操作的频率和地点，并建立卫生计划的监控记录。

卫生计划中的监控和纠正措施的记录可说明卫生计划的运转是否在控制之下。另外，记录也可以帮助指出存在的问题和发展的趋势，还可以显示出卫生计划中需要改进的地方。遵守 SSOP 是必要的，SSOP 能极大地提高 HACCP 计划的效力。

另外，不同产品特点的食品加工企业还需要根据特定加工企业要求的 GMP 制订适用于自己的特别的 SSOP 内容。以乳制品企业为例，就需要额外制订如下相关的 SSOP：

1）乳制品的循环使用包装物，如玻璃瓶、瓷瓶等，应制定与实施相应的卫生操作程序，明确监控要求，检验合格方可投入使用；一次性预包装容器不许回收使用。

2）企业应规定原位清洗（CIP）系统程序并对其有效性进行验证，明确各步骤的温度，时间，流速，酸、碱液浓度等要求，并按规定实施；CIP 清洗效果与化学残留应予以有效监控与检测（如电导仪、pH 试纸或其他监控、检测措施）。

3）设备设施清洗、消毒时，应保证无清洗、消毒盲区或死角。

4）乳制品生产中，半成品贮存、发酵接种、充填及内包装车间等清洁作业区，应明确人流、物流、水流、气流的控制流向。

5）应当配备冷藏、冷冻设备或采取冷藏、冷冻措施，保证冷藏、冷冻乳制品的温度要求。

6）制定适宜的检测控制规程，对乳制品包装材料、空气或员工手臂、生产设备、工器具等应进行卫生检测。

7）与乳制品接触的设备及用具的清洗用水，应符合 GB 5749《生活饮用水卫生标准》的规定。

8）乳粉包装时，应控制环境、人员、包装机、工器具的卫生。

8.2.4 人力资源保障

企业应制定并实施人力资源保障计划，确保从事食品安全工作的人员能够胜任。保障计划应对这些管理者和员工提供持续的 HACCP 体系、相关专业技术知识及操作技能和法律法规等方面的培训或采取其他措施，确保各级管理者和员工掌握必要的技能。对培训和其他措施的有效性要进行评价，并保持人员的教育、培训、技能和经验的适当记录。

在确定企业人员的能力时，应考虑各部门员工在企业中的职责和作用，以及保证部门之间的良好沟通和协调；详细制定员工能力要求文件，便于进行有针对性的培训；确保员工具备必要的技能和能力，能够胜任食品安全的相应工作；确保员工具有食品安全意识，认识到其所从事的活动对食品安全的相关性和重要性。根据企业的生产加工性质，提供HACCP体系的理论及应用、相关专业技术知识（特别食品专业知识）和法律法规（包括国家新的政策法规，如果企业产品出口，同时包括进口国有关法律法规和标准）以及员工在体系中的职责、作用等方面的培训和技能训练，具体可包括：良好卫生规范、良好操作规范、企业其他前提计划、工艺技术（如杀菌工艺、巴氏杀菌等）、HACCP（关键控制点）、致敏物的管理、监视技术、沟通等方面的培训。培训应具有针对性，对于管理层、关键工序的人员、一般操作人员、后勤服务员工应具有不同的培训计划，并应定期审核和修订培训内容，建立一个培训系统。

通过评价，如果培训没有达到预期的目标，应及时调整培训计划，增加培训频率。特别是对个别员工，应充分利用企业内部的人力资源，进行有针对性的培训。经过适当的教育和培训，使从事影响食品安全工作的人员获得相应的技能和经验，从而能胜任相应的工作，以保证HACCP体系的有效性和正确实施，并且持续保持及时更新。

8.2.5 食品防护计划

美国“9·11”事件后，恐怖活动对食品行业的影响日益受到重视。《美国食品安全现代化法案》强调了对质量体系的要求，建立和实施HACCP计划，制定和实施食品防护计划，建立产品召回制度，建立食品追溯系统等。2008年1月30日下午，日本厚生省通过中国驻日使馆向质检总局通报了日本发生消费者因食用中国出口速冻水饺而引起食物中毒事件。毒水饺事件对中国出口食品行业产生较大影响。国际食品法典委员会（CAC）进出口食品检查和认证分委会（CCFICS）在《国家食品安全控制体系建立导则》中增加食品防护内容。食品防护已逐步引起各国重视。我国也在2010年11月10日发布，2011年5月1日正式实施了GB/T 27320《食品防护计划及其应用指南　食品生产企业》。

食品生产加工企业需按照该标准建立适用于自己的《食品防护计划》，确保食品生产和供应过程的安全，通过进行食品防护评估、实施食品防护措施等，最大限度降低食品受到生物、化学、物理等因素故意污染或蓄意破坏风险的方法和程序。在制订食品防护计划时需要遵循这几个原则：评估原则、预防性原则、保密性原则、整合性原则、沟通原则、应急反应原则、灵活性原则、动态原则。食品防护计划应至少包括：食品防护评估、食品防护措施、检查程序、纠正程序、验证程序、应急预案、记录保持程序等。

8.2.6 致敏物质管理与食品欺诈预防

2018 年 5 月 14 日认监委发布关于更新《危害分析与关键控制点（HACCP 体系）认证依据》的公告，增加《危害分析与关键控制点（HACCP 体系）认证补充要求 1.0》，针对致敏物质管理和食品欺诈预防做出相关要求。因此，企业应建立针对所有食品加工过程及设施的致敏物质管理方案、食品欺诈脆弱性评估程序和食品欺诈预防计划，最大限度地减少或消除致敏物质交叉污染、减少或消除识别的脆弱环节。致敏物质管理通俗地说就是对过敏源的管理，主要需对致敏物质存在的可能性、污染途径、控制措施等进行策划和管理。而食品欺诈则需要企业识别潜在的脆弱环节、制订预防食品欺诈的措施、根据脆弱性对措施的优先顺序排序，在此基础上收集以往和现行的食品欺诈威胁信息，并结合法律法规制订预防计划，实施具体的控制措施，尤其是供应商的食品欺诈更需重视，并对此进行确认和验证。

（1）食品欺诈脆弱性评估过程示例

食品欺诈的预防是一个连续的过程：

第一步：对食品欺诈的脆弱性开展评估、识别可能导致欺诈的脆弱性漏洞；

第二步：对食品欺诈的影响力开展评估、判断在公共健康和经济领域所造成的影响；

第三步：对食品欺诈进行整体风险的评估、在前两步基础上评定风险级别；

第四步：针对食品欺诈设定预防计划。

部分企业生产的产品成分复杂，必要时，还应进行风险的预筛选。针对经济利益驱动的食品欺诈防控步骤见图 8-1。

（2）实施食品欺诈预防计划（以经济利益驱动的食品欺诈缓解策略计划）示例

某复合调味料生产商更换了酱油的供应商，因为新供应商的价格非常具有竞争力，所以该复合调味料生产商决定实施食品欺诈预防的计划。

图 8-1　脆弱评估步骤图

1）在实施影响因素评估（步骤 1）时，该生产商确定了该供应商提供的酱油潜在的欺诈脆弱性：

①该供应商为自由市场的批发商，其对于酱油生产商没有审计和制约措施；

②该酱油的生产商为一般企业，经过调查发现，该酱油的生产商反复出现一些小的卫生问题；

③在行业内，存在使用某些有机物进行水解后增加氨基酸态氮的情况；而“三合一”和“四合一”酱油也时常存在；

④该生产商对质量控制检测酱油的投入极少，虽然开始制定（但未实施）酱油现场审查；

⑤该生产商对酱油的脆弱性评估见表 8-1。

表 8-1　影响因素评估结果表

影响因素		对脆弱性的影响				
		低	中低	中	中高	高
可控因素	供应链					×
	审查策略					×
	供应商关系					×
	供应商问题历史					×
	方法和规格				×	
	检测频率					×
	地理政治方面的考虑					×
不可控因素	欺诈史					×
	经济异常					×

2）根据对酱油的影响因素评估的结果，该生产商随后进行了影响力评估（步骤 2），确定其对经济性影响的潜在影响为高，潜在食品安全为中。

该生产商对酱油的影响力评估见表 8-2。

表 8-2　影响力评估的结果表

影响因素	低		中		高
食品安全	食品级 - 已知安全	食品级 - 无已知风险	食品级 - 已知亚群体风险	非食品 / 非食品级 - 未知风险	非食品 / 非食品级 - 已知风险
经济影响	无显著资产负债表影响	—	运营风险	—	企业风险
潜在因子					
大量食用	非大量食用	临时大量	低级别	潜在目标群体	面临风险的群体
营养充足	无影响	—	含微量营养素的重要食品	亚群体的核心食品	亚群体的主要 / 关键食品
公众信心	特定食品	特定商品	工业部门	整个工业界	权威和工业界

3）综合对酱油的影响因素和影响力评估的结果后，该生产商随后进行了整体风险评估即整体脆弱性特征描述（步骤 3），结果显示强烈建议使用新控制措施。

该生产商对酱油的整体风险评估即整体脆弱性特征描述见表 8-3。

表 8-3　脆弱性特征描述表

特征因素			影响因素（步骤 1 结果组合）				
			1	2	3	4	5
			低	中低	中	中高	高
潜在影响（步骤 2 结果组合）	A	低经济性	可选择新控制措施	可选择新控制措施	可选择新控制措施	可选择新控制措施	应考虑新控制措施
	B	中经济性	可选择新控制措施	应考虑新控制措施	应考虑新控制措施	应考虑新控制措施	强烈建议新控制措施
	C	低公众健康 / 高经济性	可选择新控制措施	应考虑新控制措施	应考虑新控制措施	强烈建议新控制措施	强烈建议新控制措施
	D	中公众健康 / 高经济性	可选择新控制措施	应考虑新控制措施	强烈建议新控制措施	强烈建议新控制措施	强烈建议新控制措施
	E	高公众健康 / 高经济性	可选择新控制措施	强烈建议新控制措施	强烈建议新控制措施	强烈建议新控制措施	强烈建议新控制措施

4）综上，针对更换酱油供应商的食品欺诈预防计划（以经济利益驱动的食品欺诈缓解策略计划）修改如下：

对新的酱油供应商进行深入研究，以确认是否有任何警告信息（如负面报道、客户投诉等），并调查供应商控制酱油质量的措施。

根据此调查中发现的一些警告信息，决定仍使用原供应商，因其相对酱油生产商更加可靠且属于垂直整合的供应商。

增加对酱油质量尤其是挥发性盐基氮的检测频率。

更改酱油的质量控制方法和产品规格以更好地鉴定酱油成分。

改善审查策略，增加审查频率和对供应商的现场审查。

要求供应商同意改变供应链，加大监督力度。

尽可能改变酱油的来源区域，以确保不受当地诚信水平或地缘因素的影响。

通过如上修改，针对酱油的脆弱性评估发生了变化，见表 8-4。

表 8-4　脆弱性特征描述表

影响因素		对脆弱性的影响				
		低	中低	中	中高	高
可控因素	供应链		×			
	审查策略		×			
	供应商关系	×				
	供应商问题历史		×			
	方法和规格	×				
	检测频率	×				
不可控因素	地理政治方面的考虑					×
	欺诈史					×
	经济异常					×

在此情况下，因为复合调味料的配方并无变化（酱油含量未变），影响力评估也不会改变，但这些修改可能改变整体风险评估即整体脆弱性特征描述，见表 8-5。

表 8-5 应用脆弱性评估后的整体脆弱性特征描述表

特征因素			影响因素（步骤 1 结果组合）				
			1	2	3	4	5
			低	中低	中	中高	高
潜在影响（步骤 2 结果组合）	A	低经济性	可选择新控制措施	可选择新控制措施	可选择新控制措施	可选择新控制措施	应考虑新控制措施
	B	中经济性	可选择新控制措施	应考虑新控制措施	应考虑新控制措施	应考虑新控制措施	强烈建议新控制措施
	C	低公众健康 / 高经济性	可选择新控制措施	应考虑新控制措施	应考虑新控制措施	强烈建议新控制措施	强烈建议新控制措施
	D	中公众健康 / 高经济性	可选择新控制措施	应考虑新控制措施	强烈建议新控制措施	强烈建议新控制措施	强烈建议新控制措施
	E	高公众健康 / 高经济性	可选择新控制措施	强烈建议新控制措施	强烈建议新控制措施	强烈建议新控制措施	强烈建议新控制措施

8.2.7 其他前提计划

根据 HACCP 体系的要求，企业除了满足上述基本要求外，还需要针对原辅料和包装材料安全卫生、召回与追溯、设备维修保养、应急事件等内容进行策划。

原辅料、包装材料中存在的危害对安全产品的实现产生重大影响，除在验收环节进行预防或控制外，验证供方是否建立并有效实施了适当的食品安全控制体系，同时把相关危害控制在可接受水平范围内是关键。

产品可追溯性是通过产品记载的标识追溯产品的生产加工历史、交付后所处场所的能力。企业需明确规定所追溯的产品的追溯范围和标识的方式，应当采用唯一性标识或代码来识别产品的批次。在不注明可能会产生误用时，应当注明产品非预期的用途、使用方式和消费群体，以使消费者能够正确食用或使用企业提供的产品。已放行产品在一定范围内存在危害时，企业应按照要求建立并实施相应的产品召回计划，以防止危害发生或防止危害再次发生。

企业要根据生产工艺、生产经营能力、产品安全要求配备所需的基础设施设备，配备前应进行设计，以防止这些设施对食品的污染和交叉污染。企业应明确基础设施设备的相应要求，定期进行维修、保养，以控制其满足 HACCP 体系的要求。这些基础设施设备包括：厂房、工作场所和相关的设施，如水、汽、电供应等设施；生产设备、过程设备（如各类过程运行、控制和测试设备等，包括硬件和软件）、生产器具、产品测量设备等；支持性服务设施，如产品交付后的维护网点、配套用的运输或通信服务等。

企业应识别、确定潜在的食品安全事故或紧急情况，制定应急预案，必要时做出响应，以减少可能产生的安全危害影响。应包括，但不限于以下方面：突然的停电停水、机械故障、自然灾害等。

8.2.8 HACCP计划（PDCA内容）

HACCP 计划是建立 HACCP 体系的核心内容，它具有产品和加工的特定性，也会因企业的具体情况发生变化。建立 HACCP 计划必须考虑各企业的特定条件，结合产品种类、生产加工过程等内容来策划适用于其实际情况的 HACCP 计划。运行 HACCP 计划必须落实到位，操作人员、监控人员、纠偏人员、放行人员都应各司其职，严控食品安全危害。监视 HACCP 计划必须科学到位，监视对象、监视频率、监视方法、监视设备、监视人员等都应合理配置，及时有效，防止潜在不安全产品进入流通领域。改进更新 HACCP 计划必须综合分析，对确认、运行、监视、验证 HACCP 计划过程中发现的问题汇总分析，有的放矢，持续改进，更加有效地控制食品安全危害。

如上所述，企业需要制定 HACCP 计划的数量取决于不同的产品种类，以及不同的生产加工过程。通常将产品分为不同的类别，对每个产品类别建立 HACCP 计划。如果通过相似的加工方法生产相似的产品，并且成品具有相似的危害，这些产品就可以使用同一个 HACCP 计划。但是如果生产不同的产品，或产品与生产过程相关的危害不同，就应分别按类制定 HACCP 计划。

此外，任何影响 HACCP 计划有效性因素的变化，如产品配方、工艺、加工条件的改变等都可能导致 HACCP 计划的改变，要对 HACCP 计划进行确认、验证，必要时进行更新。HACCP 小组应根据 HACCP 7 个原理的要求制定并组织实施食品的 HACCP 计划，系统控制显著危害，确保将这些危害防止、消除或降低到可接受水平，以保证食品安全。

企业在策划、制订、实施、监视和改进 HACCP 计划的过程中需要关注如下的事项：

（1）预备步骤

1）HACCP 小组的组成

HACCP 小组的组成应满足企业食品生产的专业要求，由多专业的人员组成，包括从事卫生质量控制人员、产品研发人员、生产工艺技术人员、设备管理人员、原料及辅料采购、销售、仓储及运输管理等人员。必要时，HACCP 小组可聘请具有专业知识的外部人员加入。

2）产品描述

企业应对自己生产的产品和各种原料、辅料、与食品接触的材料进行描述。

3）预期用途的确定

企业应确定自己生产产品的预期用途。

应确定不同人群对产品的预期用途，包括过敏人群。

4）流程图的制定和确认

企业应制定并确认生产加工流程图，其详略程度应能包括各个重要的步骤和工序。

5）工艺步骤的描述

企业应针对流程图中的每一步进行详细的描述，包括各个控制参数、时间、设备要求、人员操作等。

（2）HACCP 计划的制订、实施、监视和改进（HACCP 7 个原理）

1）进行危害分析和制定控制措施

企业应根据生产加工流程图及相关过程进行充分的危害识别，指出每种食品安全危害可能被引入的步骤。危害识别时应充分考虑过程与过程的前后关系，在按照流程进行危害识别时不能孤立地只对工艺参数本身进行分析。

企业应对每一工艺步骤所识别的食品安全危害进行分析和制定控制措施。针对人为破坏或蓄意污染等造成的显著危害，企业还应建立食品防护计划作为控制措施。

2）确定关键控制点（CCP）

企业应对需要 HACCP 计划控制的每种危害，针对其控制措施确定关键控制点。

3）确定关键限值（CL）

企业应设计关键限值，确保控制所针对的食品安全危害。对于用于控制一个以上食品安全危害的关键控制点，则应针对每个食品安全危害建立关键限值。

4）建立关键控制点（CCP）的监控系统

企业应建立 CCP 的监视程序，包括监视对象、监视频率、监视方法、监视人员、监视工具等，该程序应提供与在线过程有关的实时信息。此外，监视应及时提供信息，做出调整，以确保过程受控，防止偏离关键限值。因此，可能没有时间做耗时的分析检验。

5）建立关键限值（CL）偏离时的纠偏措施

企业应规定超出关键限值时所采取的纠正和纠正措施。这些措施应确保查明不符合的原因，使关键控制点控制的参数恢复受控，并防止再次发生。

6）建立验证程序、对 HACCP 计划进行确认和验证

确认是操作前的评估，它的作用是证实单个（或者一个组合）控制措施能够达到预期的控制水平；验证是操作期间和之后进行的评估，它的作用是证实预期的控制水平确实已经达到。

验证的频率取决于用于控制食品安全危害达到确定的可接受水平或预期绩效的措施的效果的不确定度，以及监视程序查明失控的能力。因此，所必需的频率取决于与确认结果和控制措施作用有关的不确定度（如：过程变化）。例如，当确认证实控制措施达到的危害控制明显高于满足可接受水平的最低要求时，控制措施的有效性验证可以减少或完全不需要。

7）建立文件和 HACCP 计划记录的保持系统

企业应保持 HACCP 计划制定、运行、验证等文件和记录系统，其记录的控制应与体系记录的控制保持一致。HACCP 计划记录应包括相关信息。验证记录应至少包括的信息有：产品描述记录、监控记录、纠偏记录、其他 HACCP 计划应有的记录。

8.3 常见问题

8.3.1 食品安全管理体系和HACCP体系有什么区别？

食品安全管理体系和 HACCP 体系是两种不同的管理制度，虽然都用于控制食

品安全危害，但存在区别：

（1）主要依据不同：食品安全管理体系认证的主要依据是 GB/T 22000，HACCP 体系认证的主要依据是 GB/T 27341；

（2）适用范围不同：食品安全管理体系认证适用于整个食品链，HACCP 体系认证目前仅适用于食品生产（包括配餐）企业；

（3）控制方式不同：食品安全管理体系认证主要是控制措施及其组合的管理模式，HACCP 体系认证主要是采用过程控制体系的管理模式。

8.3.2 HACCP项目和HACCP计划的区别是什么？

一个 HACCP 项目对应一种危害分析，针对的是具有相似的危害、相似的生产技术，以及相似的贮藏技术（适当时）的一个系列产品和（或）服务。

注：产品和服务实现过程不包括食品安全管理体系开发、培训、控制、审核、评审和改进的相关活动。

HACCP 计划是由 HACCP 小组根据以下 7 个原理的要求制订并组织实施的管理手段，系统控制显著危害，确保将这些危害防止、消除或降低到可接受水平，以保证食品安全。

1）进行危害分析和制定控制措施；

2）确定关键控制点（CCP）；

3）确定关键限值（CL）；

4）建立关键控制点（CCP）的监控系统；

5）建立关键限值（CL）偏离时的纠偏措施；

6）建立验证程序、对 HACCP 计划进行确认和验证；

7）建立文件和 HACCP 计划记录的保持系统。

任何影响 HACCP 计划有效性因素的变化，如产品配方、工艺、加工条件的改变等都可能影响 HACCP 计划的改变，要对 HACCP 计划进行确认、验证，必要时进行更新。

8.3.3 第一阶段审核与第二阶段审核为什么要分开进行？

第一阶段审核的目标是通过了解企业的 HACCP 体系，策划第二阶段审核的关注点，并通过审查企业的以下方面，了解企业对第二阶段的准备情况：

1）企业识别的前提计划与企业业务活动的适宜性（例如：法律法规、顾客和认证方案的要求）；

2）HACCP 体系包括相应的过程和方法，以识别和评估企业的食品安全危害，以及后续对过程控制方法的选择和分类；

3）实施了食品安全相关的法规；

4）HACCP 体系的设计是为了实现企业的食品安全方针；

5）HACCP 体系实施方案证实可以进入第二阶段审核；

6）HACCP 计划的确认、验证和改进方案符合 HACCP 体系的要求；

7）HACCP 体系的文件和安排适合内部沟通和与相关供应商、顾客、利益相关方的沟通；

8）需要评审的其他文件和（或）需要提前获取的信息。

第二阶段审核的目标是评价企业 HACCP 体系的实施情况，包括有效性。

认证机构在考虑企业解决了第一阶段识别的任何如上所述需关注问题所需的时间后，才能进行第二阶段审核；必要时，可能需要调整第二阶段的安排。

8.3.4 开展HACCP体系认证的好处有哪些？

1）作为一种科学、合理、针对食品生产加工过程进行过程控制的预防性体系，HACCP 体系的建立和应用可保证食品安全危害得到有效控制，确保食品安全；

2）HACCP 体系的建立和认证过程可以提高全员的食品安全风险管控意识，并积极主动的采取过程控制措施；

3）通过 HACCP 体系认证可以让客户和最终消费者放心，提升消费者的信心；

4）通过 HACCP 体系认证能够促进企业规范各个管理环节，严控各个生产加工过程，构建现代管理机制，实现可持续发展；

5）通过 HACCP 体系认证可以加速企业的品牌建立，满足客户需求，主动承担社会责任；

6）通过 HACCP 体系认证有助于拓展目标市场，必要时，可以应对绿色贸易壁垒。

8.3.5 如何把HACCP体系认证转换成食品安全管理体系认证？

1）企业应依据食品安全管理体系的相关要求，结合 HACCP 体系文件和控制措施，策划完整的食品安全管理体系文件和相关控制措施；

2）确保食品安全管理体系正常运行 3 个月以上，并且有效开展相应的确认、验证、内部审核、管理评审等工作；

3）必要时开展食品安全管理体系的持续改进和更新，有效控制食品安全危害，保证食品安全；

4）向认证机构提交开展食品安全管理体系认证的相关申请材料；

5）接受认证机构的第一阶段审核（适用时，可非现场审核）和第二阶段审核。

8.3.6 什么情况下认证证书会被暂停？

有下列情形之一的，企业的认证证书会被暂停，暂停期限最长为 6 个月。

1）获证企业未按规定使用认证证书的；

2）获证企业违反认证机构要求的；

3）获证企业发生食品安全卫生事故，质量监督或行业主管部门抽查不合格等情况，尚不需立即撤销认证证书的；

4）获证企业 HACCP 体系或相关产品不符合认证依据、相关产品标准要求，不需要立即撤销认证证书的；

5）获证企业未能按规定间隔期实施监督审核的；

6）获证企业未按要求对信息进行通报的；

7）获证企业与认证机构双方同意暂停认证资格的。

8.3.7 什么情况下认证证书会被撤销？

有下列情形之一的，企业的认证证书会被撤销。

1）获证企业 HACCP 体系或相关产品不符合认证依据或相关产品标准要求，需要立即撤销认证证书的；

2）认证证书暂停期间，获证企业未采取有效纠正措施的；

3）获证企业不再生产获证范围内产品的；

4）获证企业出现严重食品安全卫生事故或对相关方重大投诉未能采取有效处理措施的；

5）获证企业虚报、瞒报获证所需信息的；

6）获证企业不接受相关监管部门或认证机构对其实施监督的。

第9章

CHAPTER 9

良好农业规范认证

食品安全不仅关系到消费者的身体健康和生命安全，而且还直接或间接影响到食品农产品行业的健康发展。作为食品链的初端，作物、畜禽、水产和蜜蜂的养殖过程直接影响到农产品及其加工产品的安全水平。

良好农业规范（GAP）标准是采用危害分析与关键控制点（HACCP）方法，针对种养殖关键环节和外来投入品进行风险识别和分析评价，从而提出一整套的控制管理方法。它不仅关注食品安全危害，还对农业可持续发展及环境保护提出要求，对员工个人的职业健康、安全和福利以及动物福利也提出了很高的期望，希望达到农业生产、环境保护和员工健康安全的协调统一。

由于生产技术条件落后或管理落后都有可能造成食品安全事故和员工伤害，因此，必须通过加强食品安全风险管理，在食品链初端建立和实施良好农业规范标准体系，辅之以技术手段，才能最大限度地减少食品安全、员工伤害事故的发生。

9.1 申请良好农业规范产品认证的条件

9.1.1 资质要求

1）申请良好农业规范认证的企业或个人，首先要能对生产过程和产品负法律责任。

2）应在国家市场监督管理部门或有关机构注册登记。若为自然人申请认证，首先应取得国家公安机关颁发的居民身份证。

3）必要的时候，应取得相关法规规定的行政许可（如生产许可证等）。

4）企业及其相关方生产、处理的产品符合相关法律法规、质量安全卫生技术标准及规范的基本要求。

5）认证申请人及其相关方在过去 1 年内未出现产品质量安全重大事故及滥用或冒用良好农业规范认证标志宣传的事件。

6）认证申请人及其相关方 1 年内未被认证机构撤销认证证书。

7）未被国家企业信用信息公示系统列入“严重违法失信企业名单”。

9.1.2 认证申请要求

（1）认证申请人信息

认证申请人应向认证机构至少递交认证申请人基本信息：如申请人名称、地址、电话和统一社会信用代码证（如果为自然人，提供身份证号码）等文件。同时还要提供联系人的相关信息，如：姓名、职务、地址、联系电话等信息。

（2）生产场所或产品处理场所信息

认证申请人如不是产品生产和（或）处理的直接管理者，还应提供生产场所和（或）产品处理场所的联系人姓名、职务、注册地址、邮政地址和联系电话等信息。如生产者为企业法人，还应提供社会统一信用代码证。

所有生产场所和产品处理场所（如种植单元、养殖场、池塘等）应提供地理坐标，并由认证机构输入到“中国食品农产品认证信息系统”。

（3）产品信息

产品信息包括申请认证产品种类、平行生产情况、分包活动情况、生产数量信息、认证选项、每类产品申请的认证机构、预期消费国家或地区。

生产数量信息涵盖所有认证品类。如作物类产品，应提供每年的生产面积（公顷）；畜禽类产品应提供年出栏量及生产量；水产类产品应提供每年生产量。蜜蜂类应提供蜜蜂养殖数量（群）和蜂产品产量（吨）。

作物类产品除提供生产数量信息之外，还应说明是否为露天种植和初次收获产品和再次收获的产品信息。对于水果和蔬菜还应包括产品处理信息以及分包方信息。如认证包含产品处理，应声明是否也为另一获得良好农业规范认证的农业生产者的产品进行处理。

（4）认证申请人及其良好农业规范生产、处理、储藏的基本情况

为便于认证机构对认证申请人有一个基本的了解，认证申请时应提供一份公司

简介，描述企业的经营历史，产品生产、处理场所历史信息及位置，临近生产区域周围环境情况，计划生产的产品名称及产品生产、处理、储藏基本流程。

（5）认证申请人良好农业规范种植 / 养殖规范性文件或良好农业规范管理体系文件（适用时）

按照标准要求，认证企业应按照标准要求建立和实施文件化的种植 / 养殖的操作规程，对于农业生产经营者组织和建立质量管理体系的多场所还应建立质量管理体系文件，并在初次检查前至少有 3 个月的完整记录。操作规程和质量管理体系文件应在风险评估的基础上制定，应与企业实际生产相符合。

（6）认证申请人的产品消费国家 / 地区名单及其残留限量要求

认证申请人应识别产品预期消费地的法律法规要求，确保产品满足消费地有关的残留限量要求。建立药物残留监控计划，记录用药信息，制定可用药清单，杜绝禁用药，远离限制类用药，定期取样检测。

9.2 生产经营企业质量管理要求

9.2.1 产地环境要求

生产基地应远离城区、工业污染源、生活垃圾场等场所，通过提供基地环境质量检测报告以确认符合相应标准要求。

1）种植基地的环境质量应符合以下要求：

①土壤环境质量符合 GB 15618《土壤环境质量　农用地土壤污染风险管控标准》中的规定；

②农田灌溉用水水质符合 GB 5084《农田灌溉水质标准》的规定；

③农产品处理或除尘用水符合 GB 5749《生活饮用水卫生标准》的规定；

④环境空气质量符合 GB 3095《环境空气质量标准》中二级标准的规定。

2）畜禽养殖基地的环境质量应符合：

①养殖用水应符合 GB 5749《生活饮用水卫生标准》的规定；

②排污用水应符合 GB 18596《畜禽养殖业污染物排放标准》的规定。

3）水产养殖基地的环境质量应符合：

① GB 5749《生活饮用水卫生标准》；

② GB 11607《渔业水质标准》；

③ GB 13078《饲料卫生标准》。

4）蜜蜂养殖基地的环境质量应符合：

①环境空气质量符合 GB 3095《环境空气质量标准》中二级标准的规定；

②水源应符合 NY 5027《无公害食品　畜禽饮用水水质》的规定。

9.2.2　产品检测和评价要求

良好农业规范认证申请人应识别出产品预期消费地的法律法规、标准及与客户签订的合同要求，应做到：

1）识别产品消费地法规、最高农残限量标准（MRL）并形成清单；

2）提供产品消费地声明；

3）确定植保产品、兽药等投入品符合要求；

4）根据风险评估结果，确定药物残留检测项目并抽样检测；

5）药物残留超标时所采取的补救措施。

9.2.3　现场检查要求

9.2.3.1　认证标准选择及使用

良好农业规范系列国家标准一共有 19 项，分别是：

1）GB/T 20014.2《农场基础控制点与符合性规范》；

2）GB/T 20014.3《作物基础控制点与符合性规范》；

3）GB/T 20014.4《大田作物控制点与符合性规范》；

4）GB/T 20014.5《水果和蔬菜控制点与符合性规范》；

5）GB/T 20014.6《畜禽基础控制点与符合性规范》；

6）GB/T 20014.7《牛羊控制点与符合性规范》；

7）GB/T 20014.8《奶牛控制点与符合性规范》；

8）GB/T 20014.9《猪控制点与符合性规范》；

9）GB/T 20014.10《家禽控制点与符合性规范》；

10）GB/T 20014.12《茶叶控制点与符合性规范》；

11）GB/T 20014.13《水产养殖基础控制点与符合性规范》；

12）GB/T 20014.14《水产池塘养殖基础控制点与符合性规范》；

13）GB/T 20014.15《水产工厂化养殖基础控制点与符合性规范》；

14）GB/T 20014.16《水产网箱养殖基础控制点与符合性规范》；

15）GB/T 20014.17《水产围拦养殖基础控制点与符合性规范》；

16）GB/T 20014.18《水产滩涂 / 吊养 / 底播养殖基础控制点与符合性规范》；

17）GB/T 20014.25《花卉和观赏植物控制点与符合性规范》；

18）GB/T 20014.26《烟叶控制点与符合性规范》；

19）GB/T 20014.27《蜜蜂控制点与符合性规范》。

良好农业规范系列国家标准分为农场基础标准、种类基础标准（如 GB/T 20014.3《作物基础控制点与符合性规范》）和产品模块标准（如 GB/T 20014.5《水果和蔬菜控制点与符合性规范》）3 个层级（示例见图 9-1）。在申请认证时，应将农场基础标准、种类基础标准和（或）产品模块标准结合使用。

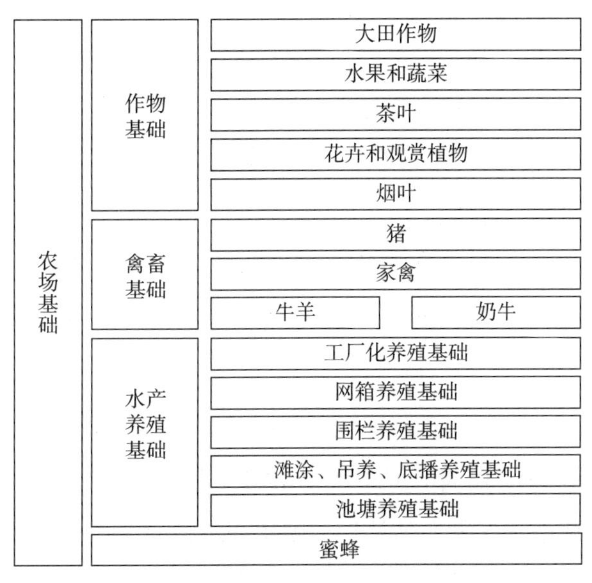

图 9-1　良好农业规范（GAP）认证标准使用示例

对某种产品的认证，应同时满足农场基础标准及其对应的种类基础标准和（或）产品模块标准的要求。例如，对猪的认证应当依据农场基础、畜禽基础、猪 3 个标准进行检查；再如，对奶牛的认证应当依据农场基础、畜禽基础、牛羊和奶牛 4 个标准进行检查。

9.2.3.2 认证产品范围

良好农业规范认证范围包括产品范围、场所范围和生产范围。

申请认证的产品应在良好农业规范产品认证目录内，但不包括野生捕捞、野生动物的猎取及野生植物的采集。

所有申请认证产品的生产场所都应该详细标明，并提供经纬度坐标。对于包含了农产品处理的果蔬产品，还应标识处理场所的基本信息。如果产品是委托别人处理，也应标示出来。被委托处理场所如果未通过良好农业规范认证，还应接受现场检查，以判断是否满足标准要求。

生产范围指按照良好农业规范标准管理的初级产品的生产过程，包括产品的收获与处理、平行生产和平行所有权。

（1）收获与处理（适用于水果和蔬菜）

收获时产品的所有权未发生变化，则认证范围应包含收获；收获后产品处理期间产品的所有权未发生变化，则认证范围应包含产品处理。

认证申请人不负责收获时，应与买方签订合同，以确保买方购买认证的所有农产品，并在收获前取得产品的所有权。买方应按标准规定在安全间隔期后进行收获，并同时负责收获后产品处理。

认证申请人申请认证时尚未确定产品买方，则认证申请人应书面声明一旦确定产品买方应按收获安全间隔期的要求与其签订合同，同时应告知其收获安全间隔期。

生产范围不包括收获时，也不应包括产品处理。当产品存在室内储存过程且仍属于认证申请人所有时，需符合 GB/T 20014.5《水果和蔬菜控制点与符合性规范》中 4.5 的要求。认证申请人无产品处理，则认证申请时应说明，且认证证书中标明不包括产品处理。

申请认证的产品若在其他的农场内进行产品处理，该农场应获得良好农业规范认证且证书生产范围应包括产品处理，并且与产品处理有关的适用的二级控制点作为一级控制点进行要求。

（2）平行生产和平行所有权

认证申请人同时生产相同或难以区分的认证或非认证产品时，应视为平行生产；认证申请人除生产认证产品外，同时外购非认证的同一产品时，应视为平行所有权。

农业生产经营者组织中有成员存在上述情况的，则该组织也应视同存在“平行生产 / 平行所有权”。同一产品的认证和非认证产品在同一产品处理单元进行操作时，也应视为“平行生产和 / 或平行所有权”。

同一产品处理单元中可以存在平行所有权和平行生产，但同一生产管理单元内不能存在平行生产。

9.2.3.3 场所历史和管理

生产基地根据标准要求编制《农场管理计划》、基地平面图、地块 / 场所分布图，并在生产场所进行有效标识，应在每块田地、果园、温室、院子、小块场地、畜舍或生产中使用的其他区域建立一套参照系统并在农场规划图或地图上注明。

农场管理计划应包括以下方面内容：动植物生活环境质量、土壤板结、土壤侵蚀、适用时包括温室气体的排放、腐殖质平衡、氮磷平衡、化学植保产品的浓度。

9.2.3.4 风险评估

风险评估是保护产品、员工健康和生产经营符合良好农业规范和法律法规要求的一个重要步骤，能够帮助组织识别、评估生产区域潜在的、能够造成伤害的风险，是对生产过程中对产品、环境和员工福利造成不利影响的因素进行识别与分析，对危害发生的概率和严重程度进行评估，以确定是否采取预防措施防止危害的发生，最大限度地降低因未采取合理控制措施而造成的损失。

首先应进行危害识别，确定潜在的伤害对象及危害发生的原因。在此基础上进行危害分析并确定相应的预防措施，记录发现并实施相关措施；最后，对风险评估进行评审并在必要时更新。风险评估应主要围绕食品安全、环境保护、员工健康安全和动物福利进行，考虑风险的来源和性质，风险发生的严重性以及风险发生的概率。

通用的评估内容主要包括场所历史和管理、员工健康安全、农场卫生管理、危害和急救、废弃物污染物管理、环境保护、可追溯和食品防护等。

具体到不同的模块，侧重点有所不同。如在种植业生产过程中，针对不同作物生产特点，可主要评估植保产品、作物管理、土壤肥力保持、田间操作、植物保护等方面；在畜禽养殖过程中，根据不同畜禽的生产方式和特点，可重点关注养殖场选址、畜禽品种、饲料和饮水供应、场内的设施设备、畜禽的健康、药物的合理使用、畜禽的养殖方式、畜禽的公路运输、废弃物的无害化处理等方面；在水产养殖过程中，针对养殖水产品的生产方式和共同特点，可包括养殖场选址、养殖投入品（苗种、化学品、饲料、渔药）管理、设施设备要求、渔病防治、养殖用水管理、捕获与运输等方面。

9.2.3.5 制定对应的操作规程文件

风险评估确定的对应预防措施应形成作业规程文件，做好培训并执行。企业在外部现场检查之前应先执行该规程文件，在必要的时候再更新。以池塘养殖为例，操作规程文件至少应包括以下方面，见表 9-1。

表 9-1 操作规程文件清单（以池塘养殖为例）

序号	文件名称	主要内容
1	文件和资料控制程序	文件的分类、编号、审批、发放、查阅、保存、修订、回收、销毁等
2	记录控制程序	格式、发放、填写、控制、归档保存
3	内部审核/检查控制程序	内部审核计划的编制、准备、实施、检查报告、纠正措施
4	池塘管理计划	制定池塘管理计划是最大限度地降低已知风险，编写时应基于池塘的风险评估。具体内容可以包括：防止养殖用水污染（包括化学污染和重金属污染）、防止外来有害生物侵入、防止暴发性渔病、采取措施减少渔药的使用。池塘管理计划不是一成不变的，应根据池塘实际情况及时修订

续表

序号	文件名称	主要内容
5	健康安全方针	健康、安全和卫生方针至少包括了健康安全风险评估所确定的风险，目的是为了保护员工健康、安全；可以包括：意外事故的预防措施、急救程序、事后处置、员工培训、安全防护、劳保措施、纪律处分规定、不规范操作的纠偏措施、员工健康安全定期会议的记录。当风险评估发生变化时此方针应进行重新审核和更新。 标准提出的是一套书面文件，因此在编写文件时不一定将全部内容编写在一个文件中，可以分成几个文件编写，或者将具体内容分布在一些作业指导书中。例如：（1）事故报告程序；（2）急救箱、事故和危险事件防护手册的放置地点；（3）员工培训要求；（4）安全装备和防护服；（5）减少员工暴露于尘埃、噪声、有害气体和其他危险因素的防护措施；（6）事故和危险事件发生时应向谁报告；（7）如何并在哪里联系当地医生和医院及其他的急救机构
6	员工卫生操作规程	主要目的是保护员工健康、安全。至少包括：（1）手的卫生要求；（2）皮肤伤口的包扎；（3）设有吸烟、饮食的区域；（4）传染病的报告制度；（5）防护服的使用
7	有害生物控制措施	养殖区域有害生物的种类、控制办法、控制措施实施后的评估
8	垃圾、污染物管理计划	有书面计划以避免或减少废弃物和污染物的产生，并且通过回收利用以代替对废弃物进行填埋或焚烧处理。至少包括：垃圾和污染物的识别分类、处理方法、采取措施降低污染物的产生（包括生活垃圾和生产垃圾）
9	水质监控控制程序	制定水质监控的方法及指标（监测项目至少包括溶氧量、总氨、亚硝酸盐（NO^{2-}）等水质指标）。提供这些检测项目的检测方法
10	场地防护程序	文件制定目的是保证养殖安全生产及产品的卫生安全。包括外来人员、啮齿类动物等的进入。例如：（1）外来人员、车辆处理规定；（2）参观要求
11	池塘应急预案	主要目的是为了在发生事故和紧急情况时，能够及时处理。包括停电、停水、洪水、风暴、火灾、暴发性疾病、化学药品或突发性污染等。以上内容在形成文字的同时，应根据内容的需要以文字和（或）图片方式张贴在合适的位置。例如：灭火器的位置、水电的开关位置、电话位置可以在池塘主要从事活动的场所以地图方式标注，方便相关人员及时了解；当地医疗机构的联络、急救电话说明等也应设置在与此相关的区域
12	设备管理操作规定	（1）设施设备清单；（2）维护保养计划；（3）校准方案；（4）操作流程。复杂设备（发电机等）要持证上岗

续表

序号	文件名称	主要内容
13	池塘养殖计划	根据当地的气候、市场状态、生长周期、养殖场特点等条件，确定养殖种类、规格及混养模式、养殖密度、轮养计划、繁殖程序、越冬管理、投入品（肥料、饲料、渔药、化学品等）、养殖成本效益分析等
14	产品捕获操作规程	制定规程确保渔获物的外观、品质、安全，采取快速有效的方式以减少养殖产品的应激反应和机械损伤。至少考虑停食、收获方法、收获时间、气温
15	包装运输管理规定	收获用具、盛装用具的清洁卫生、包装材料的选择、运输车辆的清洁和消毒、活鱼运输时密度、运输时间、充氧量、运输用水标准、冰鲜鱼运输制冰用水的选择、运输温度的控制等
16	产品检测规程	产品的质量标准、样品的抽样方法、样品的管理、检验（检验设备，检验方法等）、检验结果的评估、适用的标准（国际标准、国家标准、行业标准或企业标准等）
17	清塘程序	清污、整池、晒塘的时间方法要求，消毒的药品、方法、安全期要求
18	池塘施肥计划	肥料的来源、施肥准备、施肥的步骤、施肥后处理、注意事项
19	苗种质量控制程序	苗种的来源：国外引种应进行严格的检验检疫；国内养殖场购入应来自有苗种生产许可证的厂家；天然捕捞的应有相应的质量安全评估方法；自繁苗种应进行质量检测，以防止体弱和带病苗种进入养殖生产环节。制定苗种验收标准，包括苗种规格、活力、溯水性等参数
20	苗种放养程序	放养前期准备（工器具的消毒）、苗种的选择（规格、活力）、运输管理、放养时机的选择（考虑放养时间、密度、水温、盐度等因素）、注意事项
21	繁殖管理程序	亲鱼池的准备，亲鱼放养、鱼苗捕捞
22	越冬管理程序	越冬的准备、越冬时间、放养密度、水质管理、投喂
23	化学品管理规定	化学品来源合法性评估、化学品清单、储存和使用方法、使用剂量
24	渔药管理规定	渔药来源合法性评估、渔药清单、储存和使用方法、使用剂量、使用效果分析评价
25	疫苗管理规定	疫苗来源合法性评估、疫苗清单、储存和使用方法、使用剂量、使用效果分析评价

续表

序号	文件名称	主要内容
26	饲料管理规定	饲料来源合法性评估、饲料成分表、饲料品种清单、储存、投喂方法、投喂量、养殖周期投喂计划、饵料系数测算、饲喂效果评价分析
27	病害防治控制程序	疾病预防和治疗计划、主要病害、环境治理措施、渔病确诊、处方、使用后效果分析、病死动物处理方法
28	药物残留监控计划	监控方法、监控项目、抽样（包括抽样的时间、抽样方法、样品数量、制样、送样、实验室选择、样品的保存、编号以及样品备份、结果的反馈、阳性结果的处理等）、不合格产品处理方案、禁 / 限用药物检测流程
29	员工培训管理程序	培训项目：常见病害及治疗方法、化学品和药品的使用方法、饲料的投喂、员工岗位职责、良好农业规范标准的培训、了解并按照良好农业规范标准实施生产管理，以及培训老师、培训效果的评价
30	卫生计划	详细列明有关卫生管理内容，包括：员工个人健康、生产卫生、养殖场卫生管理、清洗消毒等内容
31	野生动植物保护管理计划	当地野生动植物资源调查，保护计划及措施
32	抱怨、产品召回、可追溯性控制程序	抱怨信息接收、分析处理、产品召回方式
33	认证标志使用控制程序	规范认证标志和证书的使用，防止误用、滥用认证标志
34	分包方控制程序	分包方的选择、评价、培训、控制

9.2.3.6 内部检查

外部现场检查之前，企业应对整个生产场所进行内部检查，内部检查应覆盖所有的生产操作过程及人员，严格按照认证标准逐一判断，并详细描述控制点符合性证据。内部检查应形成检查报告，发现不符合项，确定纠正措施，并跟踪验证，整个过程要有记录，且易于查找。

9.2.3.7 产品召回演练

明确导致召回/撤回的事故种类，指定做出产品召回/撤回决定的负责人，根据制定的召回程序进行演练，验证企业建立的可追溯体系是否有效、及时。申请人应每年验证程序的有效性，保证其有效性并形成记录；应确保从原料至产品生产、加工处理各阶段的产品标识或批次全过程的完整档案记录和跟踪审查体系；确保每一批产品都能够追踪其来源。每年至少演练召回1次。

9.2.3.8 食品防护

应识别并评估每个操作阶段的食品安全危害，以保证所有投入品是安全的且来源可靠，并形成《食品防护计划》,《食品防护计划》的制定和实施宜参考GB/T 27320《食品防护计划及其应用指南　食品生产企业》的要求。

申请人应提供所有雇员和分包者的信息，应有防止可能发生的蓄意危害的纠偏行动程序。

9.2.3.9 基地标识牌

根据生产场所和（或生产单元）制作基地标识牌以区别于常规地块。标识牌至少包括企业名称，企业基本情况介绍（如基地建立时间、基地获得的认证或备案、基地面积、基地产品种类、基地主要管理方式等），基地平面图，基地负责人、联系人及其电话等注意事项。

9.2.3.10 平面布局图

企业应根据标准要求制定详细的平面布局图，标识种养殖基地、办公室、农药库、肥料库、工器具库；布局图至少应包括以下内容：

1）基地四周的隔离物；

2）基地内各地块所种养植的产品及对应的地块编号；

3）邻近基地的地块种植的作物；

4）基地内的道路、河流、水库、仓库、房屋、厕所等相关场所；

5）平面图绘制的方向；

6）平面图绘制的比例尺。

9.2.4 质量管理体系要求

对于农业生产经营者组织和建立质量管理体系的多场所除了建立必要的操作规程文件以外，还应建立质量管理体系文件。质量管理体系文件的建立可参考《良好农业规范认证实施规则》附件 2，主要包括以下几方面内容。

9.2.4.1 法律地位及组织结构

（1）合法性

农业生产经营者组织或多场所的农业生产经营者应为法人实体。该法人实体应有资格从事农业生产和（或）贸易活动，与农业生产经营者和生产场所有合法的合同关系，并作为农业生产经营者和生产场所的代表。该法人实体应与批准的认证机构签署标志使用协议并成为认证证书的唯一持有人。只有能够按照选项 1 认证的法人实体才能加入选项 2 认证组织。如某一组织或多场所加入其他组织或其他多场所，则应将两个质量管理体系合并成一个体系，并由即将成为认证证书持有人的法人实体统一管理。

（2）农业生产经营者和生产场所

农业生产经营者组织与农业生产经营者应有书面的合同或协议，合同或协议应包含下列要素：

1）农业生产经营者组织名称和合法资质；

2）农业生产营者名称和（或）合法身份证明；

3）农业生产经营者联系地址；

4）生产场所的详细信息，包括认证和非认证产品；

5）生产范围及数量的详细情况；

6）农业生产经营者同意以“中国食品农产品认证信息系统”中的产品状态证明其遵守认证标准的相关要求的承诺；

7）未遵守标准相关要求以及其他任何组织内部要求时可能实行的制裁；

8）生产者同意遵循组织的文件化程序、政策和相关技术指导；

9）农业生产经营者组织和农业生产经营者代表的签字。

对于多场所，所有生产场所应为法人实体自有或租赁并由该法人实体直接控制。对于不是法人实体所自有的生产场所，该法人实体应与此类生产场所的所有人签订具有法律效力的书面合同，合同应包含以下内容：

1）证书持有人名称和法律资质；

2）场所所有人的名称和（或）法律资质；

3）生产场所所有人的联系地址；

4）每个生产场所的详细情况；

5）明确指出场所所有人对场所的生产运作不承担任何责任，不进行资源投入，也不拥有决定权；

6）双方当事人代表的签字。

（3）农业生产经营者和场所的内部注册

所有的农业生产经营者应向农业生产经营者组织进行注册，所有的生产场所应向农业生产经营者进行注册。每个场所注册时至少包含以下信息：

1）法人实体与生产场所之间的关系（所有权、租赁等）；

2）生产场所地址；

3）注册的产品；

4）个注册产品的生产面积和（或）数量。

9.2.4.2 生产的管理和组织

质量管理体系应完整，按照统一要求管理组织的注册成员或生产场所。组织结构应形成文件，并规定以下职责的负责人：

1）良好农业规范的实施；

2）质量管理体系的运行；

3）农业生产经营者和/或生产场所年度的内部检查；

4）对质量管理体系实施内部审核，对内部检查进行验证；

5）对农业生产经营者组织的技术指导。

应在文件中规定关键岗位员工（如内部检查员，技术员等）的能力、培训和资历要求，确保具备良好农业规范标准中规定的能力。应确保对良好农业规范标准符合性负有职责的全体员工得到充分培训，且满足规定的能力要求。应保持关键岗位员工的培训和资格记录，以证实他们的能力。应保持每个内部检查员/审核员完成授权单位举办的在线 / 面授培训和通过考试的记录（必要时）。如果有多名内部审核员或者内部检查员，应接受培训和评估以保证他们对标准的理解和工作方法的一致性（如，提供有记录的见证审核 / 检查）。应有相关的程序确保关键岗位员工及时了解良好农业规范的版本更新和依据的法律法规变更情况。

9.2.4.3 文件控制

应充分控制所有质量管理体系文件，包括：质量手册、程序文件、作业指导书，记录表格和外来文件。

应制订方针和程序确保相关技术规范的要求得到控制。组织成员及其主要员工应确保能获得相关方针和程序。应定期评审质量手册内容，以确保持续符合良好农业规范相关技术规范、本规则和农业生产经营者组织的要求。良好农业规范标准以及强制性指导文件的修改必须及时纳入组织的质量管理体系中。

应建立文件控制程序，并形成文件。所有的文件在发布及分发前应经授权人的同意和审批。所有受控文件应用分发号、发行日期 / 审批日期及编码的形式进行识别和控制。文件的任何更改应在分发前得到授权人的审批。如有可能，应识别文件更改的原因及性质。确保各部门得到现行有效版本的受控文件。应在文件控制程序中对文件的审查、新文件的发放和作废文件的销毁做出规定。

应保持记录以证实对质量管理体系的有效控制并满足良好农业规范相关要求。质量管理体系的记录应至少保存 2 年。记录应真实、清晰，存放在适当的场所且易于检索。保持在线记录或电子记录有效。如果需要签名，可以设置一个密码或者电子签名，电子签名应是唯一的，并且得到签名人的授权。如相关记录需要负责人签名则应手签。在认证机构检查期间，电子记录应能够获得。记录备份应随时能提供。

9.2.4.4 投诉的处理

应建立并保持形成文件的程序，对投诉的接受、登记、确认、调查、跟踪和反馈做出规定。应在客户要求时向其提供投诉的处理程序。投诉处理程序应适用于对认证申请人的投诉，同时也适用于农业生产经营者和生产场所的投诉。

9.2.4.5 内部审核

应建立并保持内部审核/检查程序，以评价质量管理体系的适宜性、符合性并按良好农业规范相关要求对生产场所/农业生产经营者实施检查。

每年至少对基于良好农业规范标准的质量管理体系进行一次审核。内部审核员应符合本规则的要求。内部审核员应独立于被审核的部门和区域。

负责建立质量管理体系的人员可以作为内部审核员审核组织的质量管理体系，但负责质量管理体系日常运行的人员不能作为内部审核员审核组织的质量管理体系。

内部审核记录、审核发现、纠正措施及其跟踪验证记录均应保持且易于查找。在外部审核期间，审核员可随时获取已完成的质量管理体系检查表，检查表应包含对每个质量管理体系控制点的评价。如果内部审核不是一次性完成的，而是在12个月周期内分阶段进行，则应事先编制审核时间表。

9.2.4.6 农业生产经营者/生产场所的内部检查

每一个注册的生产场所和（或）农业生产经营者每年应至少进行一次针对良好农业规范相关要求的检查，该检查包括适用的全部控制点。内部检查员应独立于被检查的部门、区域，不能检查自己所从事的日常工作。新成员和（或）新的生产场所在正式加入农业生产经营者组织/农业生产经营者前应进行内部检查。应保持原始检查报告和记录，并确保在外部检查需要时随时提供。内部检查报告应包含下列信息：

1）注册农业生产经营者和（或）生产场所的名称；

2）受检查方（注册成员和/或生产场所）签字；

3）日期；

4）检查员姓名；

5）注册的产品；

6）针对控制点评价的结果；

7）应在检查表中对符合、不符合和不适用进行判定并详细描述，如果有不符合项，应开具不符合项报告并设定纠正措施的整改期限。

内部审核员（或审核组）应对内部检查员提交的内部检查报告进行评审，做出生产经营者和（或）生产场所是否符合良好农业规范相关要求的结论。

如仅有一名内部审核员且同时还负责实施内部检查，则应由其他人如质量管理体系的管理者代表对内部检查进行审批。如内部检查需分阶段在 12 个月周期内进行，则应事先编制检查时间表。

9.2.4.7 不符合、纠正措施和处罚

应建立并保持处理不符合及纠正措施的程序，这些不符合来源于内部检查、外部审核 / 检查、消费者投诉或质量管理体系的缺陷。应建立程序并形成文件，以识别和评价质量管理体系运行中出现的不符合。应对不符合的纠正措施进行评价，并规定纠正措施完成时限。应明确实施和完成纠正措施的职责。应建立并实施针对农业生产经营者和（或）生产场所的处罚和不符合控制文件，以满足良好农业规范认证实施规则的要求。农业生产经营者组织应建立适当的程序，以便能够立即将对农业生产经营者 / 生产场所的暂停或撤销通知认证机构。选项 2 的注册成员可向农业生产经营者组织申请自我声明的暂停。应保持所有的处罚记录，包括纠正措施和验证过程。

9.2.4.8 产品的可追溯性和隔离

符合良好农业规范认证的产品及其销售应具有可追溯性，在产品处理时防止与非良好农业规范认证产品混淆。应建立并保持程序文件，对注册产品进行有效识别并确保所有产品是可追溯的，包括对所有适用场所的合格 / 不合格品，应对注册产品的产量进行物料衡算，以表明其符合性。应建立有效的体系和程序，以防止标签误用或将认证产品与非认证产品混淆。

对于果蔬认证：产品处理场所应运行程序，以便注册产品在接收、处理、储存和配送过程中能够被标识和追溯。如果选项 2 注册成员注册了平行生产，则追溯和隔离控制点（GB/T 20014.2 中 4.11 的要求）适用于该成员。质量管理体系审核时，检查表应涵盖 GB/T 20014.2 中 4.9 和 GB/T 20014.2 中 4.10 控制点的全部内容，并应根据适用对象做适当调整。

9.2.4.9 产品召回

应建立并保持程序，以有效管理对注册产品的召回。该程序应明确导致召回的事件类别、做出产品召回决定的人员、通知客户和认证机构的机制以及处理库存的

方法。程序应具有可操作性。每年应以适当的方式对程序进行至少一次演练以确保其有效性。应保持演练记录。

9.2.4.10 分包方

应建立并保持程序，以确保分包给第三方的活动满足良好农业规范相关要求。分包方的能力和活动应得到评估且能证明满足良好农业规范相关要求；应保持分包方能力证明和活动评估的有关记录。分包方应遵守农业生产经营者组织的质量管理体系和相应的程序，并在服务协议或合同中明示。

9.2.4.11 添加新注册成员或生产场所

可根据内部审核程序将新增注册成员或生产场所加入证书中。如已注册的成员或场所数量出现增加或减少，证书持有人应立即向认证机构上报更新。

在经批准的认证机构进行注册的新增注册成员或生产场所，如其1年内的增加数量低于10%，新增成员或生产场所可在无须认证机构进一步验证的情况下加入注册名单。

已批准的注册成员或生产场所在1年内的增加数量超出10%，需对新增注册成员或生产场所进行外部抽样检查（最小量为新增注册成员或生产场所数量的平方根），并且需在将新增注册成员或生产场所列入注册名单之前，于当年进行选择性的质量管理体系审核。

无论已经审核的注册成员或生产场所1年内的增长百分比是多少，如新注册生产场所面积在1年内增长10%，或之前已经审核的注册产品中的畜禽数量在1年内增长10%，或注册成员数量出现10%的变更，需对新增注册成员或生产场所进行外部抽样检查（最小量为新增注册成员或生产场所数量的平方根），并且需在将新增注册成员或生产场所列入注册名单之前，于当年进行选择性的质量管理体系审核。

9.3 常见问题

9.3.1 ChinaGAP和GLOBALGAP有什么区别？

GAP是Good Agricultural Practices的英文缩写，意思是“良好农业规范”。主要用来规范未加工和简单加工销售的农产品，以危害预防、良好卫生规范、可持续发展农业和持续改良农场体系为基础，避免农产品在生产过程中受到外来物质的污染和危害。GLOBALGAP 的中文意思是全球良好农业规范，是欧洲零售商组织制定发布的行业性标准；ChinaGAP 的中文意思是中国良好农业规范，认监委起草的国家推荐性标准。

9.3.2 一级认证和二级认证有什么区别？

中国良好农业规范认证按级别分为一级认证和二级认证。一级认证要求所有适用的 1 级控制点 100% 符合要求，所有适用的 2 级控制点至少 95% 的应符合要求。二级认证要求所有适用的 1 级控制点至少 95% 符合要求，导致消费者、员工、动植物安全和环境严重危害的控制点必须符合要求。从满足控制点要求的严格程度来看，一级认证要高于二级认证。

9.3.3 如果企业已经通过了质量管理体系认证，那么企业在申请GAP认证还需要建立质量管理体系吗？

申请人以选项 2：农业生产经营者组织的方式申请认证，还需要建立质量管理体系。具体要求可见《良好农业规范实施规则》附件 2：多场所的农业生产经营者和农业生产经营者组织的质量管理体系要求。但企业可以将二者结合，参考质量管理体系认证文件的一些通用部分，对于与 GAP 标准相关的技术性文件再另行制定。

9.3.4 申请人可以将不同的产品向不同的认证机构申请GAP认证吗？

在满足以下条件下，可以：

1）如果申请人为多个产品分别申请不同选项的认证；

2）如果一个农业生产经营者同时参加了多个生产经营者组织（如牛的养殖在一个农业生产经营者组织中，而猪的养殖加入了另一个组织）。

9.3.5 GAP认证证书有效期为多长时间？

有效期一年。

9.3.6 转基因作物可以申请GAP认证吗？

可以申请。种植作物的农场要符合相关法律法规的要求，并且要有文件证明种植、使用和生产的注册产品源自转基因技术。申请 GAP 的农场应有相关法律法规的复印件，保证对其有充分的了解和 100% 的遵守，种植的品种必须是国家法律允许的，并持有国家批准的证明。

9.3.7 作物/果蔬类认证初次检查的时间应安排在什么时间？

初次认证检查要求申请人提供获得注册号之后，收获日期之前的 3 个月的记录。其中收获和生产处理过程必须在申请注册之后实施，注册之前的收获和生产处理的记录无效。

（1）种植一种作物

1）宜选择在收获期间安排初次检查，以便对与收获相关的控制点（如最大农药残留限量、收获期间的卫生除害等）进行查证；

2）无法在收获期间进行检查时，如果在作物收获之间进行，应做后续跟踪检查或者由生产者以传真、照片或其他可接受形式提交证据；如果在作物收获后进行，生产者必须保留有关收获的适用控制点符合性的证据。

（2）种植多种作物

1）如果生产期同步或相近，检查时间宜靠近收获期；

2）如果生产期不同步或不相近，那么初次认证检查应选择在最早收获作物的收获期间进行，其他产品只有在通过现场检查或者由生产者提供可接受的证据。

9.3.8 申请一级认证或二级认证所有控制点都必须检查吗？

不论申请一级认证还是二级认证，所有的控制点（包括一级、二级和三级控制点）都必须审核 / 检查。

9.3.9　对农业生产经营者组织和建立质量管理体系（QMS）的多场所进行初次检查时，其成员抽样数量为多少？

抽样数不能少于组织成员 / 场所数量的平方根。

9.3.10　初次认证之后每年具体检查的频次如何规定？

农业生产经营者：初次认证后，每年至少有一次通知检查，同时认证机构对已获证的企业有 10% 的比例实施不通知检查，如果认证机构发证数量少于 10 家时，不通知检查数量不少于 1 家。

农业生产经营者组织：初次认证后，每年应对所有获证的组织实施一次通知的检查和至少一次不通知的检查。

9.3.11　分包方需要检查吗？

对于与其工作相适用的控制点，分包方必须接受同样的内部和外部检查；申请人应使分包方了解并符合良好农业规范相关系列标准的要求，对分包方的工作全面负责。按照要求，申请人必须确保分包过程中的手续符合并且能够在检查中提供合适信息来表明符合标准。

9.3.12　农产品处理指的是哪些过程？如果申请GAP认证的产品作为加工厂原料，如何确定GAP认证范围？

归属农业生产经营者或农业生产经营者组织收获后的大田作物、果蔬，在农场或离开农场进行低风险的处理，如：包装、存储、化学处理、修整、清洗，或使产品有可能和其他原料或物质有物理接触的处理方法，运出农场；但不包括收获和从收获地到第一个存储 / 包装地的农场内运输，及农产品加工。

对于果蔬产品认证，如果农场种植的产品被作为加工厂的原料使用，后续加工已不在 GAP 控制范围之内，农场可以声明其 GAP 覆盖的详细范围，如声明 GAP 管理范围不包括农产品处理过程，那么关于农产品处理的内容在检查中可以作为不适用处理，并且 GAP 认证的证书和标志必须仅能使用在农场环节至向加工环节提供原料的环节，而不能用于最终加工产品上。

第10章

CHAPTER 10

乳制品生产企业良好生产规范认证

GMP是英文“Good Manufacturing Practice”的缩写，即良好生产规范，也称良好操作规范。它规定了食品生产、加工、包装、贮存、运输和销售的规范性要求，是保证食品具有安全性的良好生产管理体系。良好生产规范（GMP）通常是政府颁布的规范食品加工企业环境、硬件设施、加工工艺和卫生质量管理等的法规性文件，一般情况下，以法规、推荐性法案、条例、准则和标准等形式公布，具有强制性。

2008年“三聚氰胺”事件爆发，凸显了奶制品产品链中的食品安全风险，认监委实时推出了乳制品生产企业良好生产规范（GMP）认证（以下简称乳制品GMP）制度，以控制乳制品生产企业的安全风险。乳制品GMP认证制度包括了实施规则、认证依据。明确了申请企业的资质要求、认证流程、证书保持、抽样检测等方面的要求。

10.1 申请乳制品GMP认证的条件

10.1.1 资质要求

根据认监委发布的《乳制品生产企业良好生产规范（GMP）认证实施规则（试行）》（CNCA-N-005：2009）的要求，乳制品GMP认证申请人应具备：

1）取得国家市场监督管理部门或有关机构注册登记的法人资格（或其组成部分）；

2）取得食品生产许可证；

3）适用时，工厂自有奶源基地还应具有：动物防疫条件合格证、畜禽养殖标识备案表；

4）自有生鲜乳收购站应具有生鲜乳收购许可证，生鲜乳运输车辆应当取得生鲜乳准运证明；

5）婴幼儿配方奶粉生产企业应具备婴幼儿配方乳粉产品配方注册证书。

10.1.2 认证申请要求

根据《乳制品生产企业良好生产规范（GMP）认证实施规则（试行）》的要求，认证申请还需满足：

1）产品标准符合《中华人民共和国标准化法》规定；

2）生产经营的产品符合中华人民共和国相关法律法规、食品安全标准和有关技术规范的要求；

3）按照 GB 12693《食品安全国家标准　乳制品良好生产规范》，建立和实施了 GMP，产品生产工艺定型并持续稳定生产；

4）适用时，应明确委托加工情况以及委托加工的合法性，以及委托加工在 GMP 体系中的完整性；

5）适用时，生鲜乳的供应情况，能够保证响应的物料平衡（生鲜乳日供应与企业日加工能力、最大收奶区域半径）。

10.2 生产经营企业质量管理要求

10.2.1 乳制品GMP的基本要求

GB 12693—2010《食品安全国家标准　乳制品良好生产规范》和 GB 23790—2010《食品安全国家标准　粉状婴幼儿配方食品良好生产规范》是我国乳制品生产企业适用的 GMP 标准，规定了乳制品和粉状婴幼儿配方食品生产应当达到的要求，于 2010 年 3 月 26 日发布，2010 年 12 月 1 日实施，其基本要求如下。

10.2.1.1 机构、人员和培训

乳制品生产企业应设立食品安全管理机构，其负责人应是企业法人代表或企业法人授权的负责人。机构中各部门应配备经专业培训的专职或兼职的食品安全管

理人员，宣传贯彻食品安全法规及有关规章制度，负责督查执行的情况并做好有关记录。机构中的各部门应有明确的管理职责，并确保与质量、安全相关的管理职责落实到位，对厂区内外环境、厂房设施和设备的维护和管理、生产过程质量安全管理、卫生管理、品质追踪等制定相应管理制度，并明确管理负责人与职责。

企业应建立培训管理制度，明确对本企业人员的培训要求，制定并实施培训计划，对所有从业人员进行食品安全知识培训，以确保从业人员能够胜任相应的岗位。培训计划应包括对管理者和员工提供持续的相关专业技术知识及操作技能和法律法规等方面的培训，培训应考虑周期性回顾，以便不断强化各级员工的法律法规意识、知识和技能。可以通过面试、笔试、实际操作、工作绩效评价等方式检查培训或其他措施的效果，判断是否达到了培训计划的目标。

10.2.1.2 厂区环境、厂房车间、设施和设备

（1）选址及厂区环境

乳制品工厂厂区不应选择在对食品有显著污染的区域，污染源可能是某些化工厂、石灰厂、垃圾堆放场、污染河流等。乳制品工厂厂区内应合理布局和规划，各功能区域划分明显，防止交叉污染。

（2）厂房和车间

乳制品厂厂房、设施、设备的设计与布局应以预防污染为原则，且应方便清洁、消毒和养护。乳品加工厂的生产区域分为清洁作业区、准清洁作业区和一般作业区。为防止交叉污染，各个不同清洁区应严格分开，生产区域内人员的流动、水和气体的流动应该从高清洁区到低清洁区。

婴幼儿配方乳粉车间设计和布局的要求按 GB 23790《食品安全国家标准　粉状婴幼儿配方食品良好生产规范》的相关规定执行。

（3）设施

乳制品生产企业的设施主要包括：供水设施、排水系统、清洁设施、个人卫生设施、通风设施、照明设施和仓储设施等。乳制品生产企业应按照 GB 12693《食品安全国家标准　乳制品良好生产规范》和 GB 23790《食品安全国家标准　粉状婴幼儿配方食品良好生产规范》相关要求执行。

（4）设备

生产设备能力配备应满足生产乳制品产品品种和生产量的控制要求，所有生产设备应按工艺流程有序排列，避免引起交叉污染。乳制品生产中直接或间接接触原料、半成品、成品的工器具、容器和管道等设备的材质对食品安全有直接的影响，应符合食品相关产品的有关标准。乳制品生产的所有机械设备的设计、构造和安装应以有利于保证食品卫生，防止产生食品安全危害为原则。

监控设备通常包括生产监控设备，如均质机上的压力表、超高温杀菌机（UHT）机上的温度计等，品质管理设备，如电子天平、酸度计等，应设专人管理，包括登记、日常校准、送检和保养维修等工作。监控设备应定期校准，并做记录，同时保证在检定、校准的有效期内使用。

10.2.1.3 过程管理的要求

乳制品生产企业应按照相关法律法规要求并结合自身情况，建立食品安全管理制度，采取相应措施，对乳制品生产实施从原料进厂到成品出厂全过程的质量管理。

（1）卫生管理

1）卫生管理制度

企业要制定卫生管理制度，包括考核标准和考核计划（考核时间、频次、考核项目）以及对违反制度人员的处理方法，考核标准的制定对责任的划分要落实到人。企业要由相关部门实施卫生检查，检查、考核及处理的结果要有完整的记录并存档。

2）厂房及设施卫生管理

制定基础设施维护保养计划，并按规定对厂房设施保养。地面、屋顶、天花板、墙壁等厂房设施要定期进行检查、清理，保持清洁，有破损的要及时修缮。紧急情况（如暴雨等）要及时处理屋顶、地面，确保无积水。

3）清洁和消毒

乳制品企业应对清洗和消毒制定有效的计划和程序，主要包括对生产场所、各种设备和设施清洗消毒方法、频率等要求，以保证食品加工场所、设备和设施等的清洁卫生，防止食品污染。实际操作过程中，应严格按照程序和计划的要求对设备和设施进行清洗和消毒，用于清洁和消毒的设备、用具应放置在专用场所妥善保管。

4）人员健康与卫生要求

乳制品加工人员（包括检验人员）的身体健康及卫生状况会影响到产品的安全。因此企业应建立执行从业人员健康管理制度，制定体检计划，设有员工的健康状况档案，制定卫生培训计划，定期对人员进行培训并记录存档。乳制品加工人员，每年至少进行一次健康检查。

5）虫害控制

乳制品企业应制定虫害控制措施，保持建筑物完好、环境整洁，防止虫害侵入及孳生。在生产车间和贮存场所的入口处应设捕虫灯（器），窗户等与外界直接相连的地方应当安装纱窗或采取其他措施，防止或消除虫害。可采用物理、化学或生物制剂进行处理，其灭除方法应不影响食品的安全和产品特性，不污染食品接触面及包装材料（如尽量避免使用杀虫剂等）。

6）废弃物处理

乳制品企业应制定废弃物存放和清除制度。盛装废弃物、加工副产品以及不可食用物或危险物质的容器应有特别标识且要构造合理、不透水，必要时容器可封闭，以防止污染食品。应在适当地点设置废弃物临时存放设施，并依废弃物特性分类存放，易腐败的废弃物应定期清除。

7）有毒有害物管理

乳制品企业应建立有毒有害物的管理制度，规定管理要求、程序和责任人等内容。清洗剂、消毒剂、杀虫剂以及其他有毒有害物品，均应有固定包装，标签标明化学品相关信息，剧毒物品应有特殊的、醒目的符号。工作容器的标签应标明：化学品的名称、浓度、使用说明和注意事项等。除卫生和工艺需要，均不得在生产车间使用和存放可能污染食品的任何种类的药剂，应贮存于专门库房或柜橱内，加锁并由专人负责保管。

8）污水、污物管理

乳制品生产企业应具备相应的污水处理设施，使污水排放符合 GB 8978《污水综合排放标准》。污水处理地点应远离生产区。废水排放设置：加工用水、原位清洗（CIP）用水不能直接流到地面，以防污染地面；清洗消毒废水直接排放入污水处理站；地面应有坡度，不得有积水；废水应从清洁区流向非清洁区；车间清洗或其他用途流动水，使用时应防止污水的溢溅。

厂区设置的污物收集设施，应为密闭式或带盖，要定期清洗、消毒，污物不得外溢，应于 24 h 之内运出厂区处理。做到日产日清，防止有害动物集聚孳生。

9）工作服管理

乳制品生产企业应根据食品的特点及生产工艺的要求配备专用工作服，如衣、裤、鞋靴、帽和发网等，必要时还可配备口罩、围裙、套袖、手套等。工作服的设计、选材和制作应适应不同作业区的要求，降低交叉污染食品的风险；应合理选择工作服口袋的位置、使用的连接扣件等，降低内容物或扣件掉落污染食品的风险。员工进入作业区域应按规定穿着工作服。企业应制定工作服的清洗保洁制度，必要时应及时更换；生产中应注意保持工作服干净完好。

（2）原料和包装材料的要求

乳制品企业应制定原料和包材的采购、验收、运输和贮存相关的管理制度，保存原料和包装材料采购、验收、贮存和运输记录。确保所使用的原料和包装材料符合法律法规的要求，不得使用任何危害人体健康和生命安全的物质。

1）原料和包装材料的采购和验收要求

乳制品企业应建立原辅料和包装材料供应商管理制度，包括对供应商进行选择、对其能够提供符合质量安全要求产品的实际能力进行审核、对供应商提供符合质量安全产品的能力进行持续评估的要求和程序。

乳制品企业应建立原料和包装材料进货查验制度，规定所有原料和包装材料进货时如何进行验收、各部门的职责要求等内容。使用生乳的企业，其生乳应来自具有生鲜乳收购许可证的奶畜养殖场、养殖小区和（或）生乳收购站。企业应按照所制定的进货查验制度的规定，核对原料和包装材料的合格证明文件（企业自检报告或第三方出具的检验报告）；无法提供有效的合格证明文件的，应按照相应的食品安全标准或企业验收标准，对所购原料和包装材料进行检验，合格后方可接收与使用。企业应如实记录原料和包装材料的相关信息。

2）原料和包装材料的运输和贮存要求

乳制品企业应按照保证质量安全的要求，根据原料和包装材料的特性和运输、贮存要求对原料和包装材料进行运输和贮存。生乳运输和贮存生乳的容器，应符合相关国家安全标准，应采用保温奶罐车运输。运输车辆应具备完善的证明和记录。

婴幼儿配方乳粉生产企业食品添加剂及食品营养强化剂应由专人负责管理，设置专库或专区存放，并使用专用登记册（或仓库管理软件）记录添加剂及营养强化剂的名称、进货时间、进货量和使用量等，还应注意其有效期限。

（3）生产过程的食品安全控制

1）微生物污染的控制

微生物污染主要包括病原性微生物及其毒素的污染（包括大肠杆菌、金黄色葡萄球菌、志贺氏菌、沙门氏菌弯曲杆菌、蜡状芽孢杆菌、肠道耶尔氏鼠疫杆菌、李斯特菌等）以及可能引发产品腐败变质的微生物［包括乳酸菌、嗜冷性革兰氏阴性杆菌和嗜热菌（如杆菌、短杆菌、芽孢杆菌、肠道球菌、小球菌、霉菌、酵母菌等）］。

①温度和时间

乳制品企业应根据产品的特点，规定用于杀灭微生物或抑制微生物生长繁殖的方法，如热处理、冷冻或冷藏保存等，并实施有效的监控。采用加热杀菌、灭菌工艺时，应按不同种类产品要求制定有依据的加热参数并正确实施，确保产品的安全特性。巴氏杀菌乳的杀菌温度与保持时间一般为 63 ℃～65 ℃、30 min 或 72 ℃～85 ℃、15 s～20 s；超高温瞬时灭菌乳的灭菌温度与保持时间应在 135℃以上及数秒。应对杀菌的参数（温度、时间）等建立控制措施和纠偏措施，并进行定期验证。对于严格控制温度和时间的加工环节，应实时监控，并保持监控的记录。

②湿度

乳制品企业应根据产品和工艺特点，对需要进行湿度控制区域的空气湿度进行控制，以减少有害微生物的繁殖。如乳粉生产洁净区及干混车间生产区域等，需要保持干燥，如空气湿度过大，易造成有害微生物的繁殖。企业应制定车间空气湿度的限值并进行监控和记录，同时定期进行验证，以防止空气湿度超出限值。

③生产区域空气洁净度

生产车间应保持空气清洁，制定有效措施（如熏蒸、臭氧消毒等），定期对车间空气进行消毒，防止对食品造成污染；应对洁净区空气微生物进行监控，按 GB/T 18204.1 中的自然沉降法测定，清洁作业区空气中的菌落总数应控制在 30 cfu/ 皿。

④防止微生物污染

乳制品企业应对从原料及包材验收、贮存、使用前的处理，生产过程中杀菌参数的控制，生产过程中防止直接或间接的微生物污染，成品的检验、包装、贮存的全过程采取必要措施，防止微生物的污染。

2）化学污染的控制

乳制品企业应分析厂区周围环境、厂区内部环境、加工场所等可能存在的污染源及污染途径，并针对可能的污染建立相关控制措施以防止对产品造成影响，建立相关管理制度。

使用的洗涤剂、消毒剂、杀虫剂、润滑油应符合国家相关法律法规要求，应来自有资质的生产厂家。正确标识保管和使用有毒化学物，禁用无标签的化学品。化学品应单独贮存，并且对其进行标识。化学物质应与食品分开贮存，明确标识，并应有专人对其保管。

3）物理污染的控制

物理危害有几个来源，如被污染的原材料、包装材料带入，设计或维护不好的设施和设备，加工过程中错误的操作，及人员个人行为习惯。一些常见的物理学危害及其产生或原因如玻璃（瓶子、罐、灯具、工具、表盘、温度计）、金属（螺母、螺栓、螺钉、钢丝绒、筛网、焊点）。石头、塑料、牛毛、毛发、木头、棉线头、虫子，以及个人用品如珠宝、戒指、笔等。

原辅料、包装材料的贮存应能保证其清洁度，使用前可进行适当的处理，防止引入杂质。生产过程中应采取有效措施（如设置筛网、捕集器、磁铁、电子金属检查器等）防止金属或其他外来杂物混入产品中。

企业应建立设备维护制度，定期对设备点检，保证设备的完好状态。维修人员对带入、带出的零部件、工具要进行清点并记录；避免在生产过程中进行电焊、切割、打磨等工作，以免产生异味、碎屑。企业应建立卫生管理、现场管理制度，保持车间卫生，应对进入车间的人员进行监控，避免人员将与生产无关的个人物品带入工作场所。洁净区人员每日清点洁净区物品并记录。建立外来人员管理制度，外来人员进入车间应遵守车间内各项制度。

4）食品添加剂和食品营养强化剂

食品添加剂和食品营养强化剂使用的品种、范围、用量应按照 GB 2760《食品

安全国家标准　食品添加剂使用标准》、GB 14880《食品安全国家标准　食品营养强化剂使用标准》和卫生部（现卫健委）公告的规定执行，不得在食品生产中使用食品添加剂以外的化学物质和其他可能危害人体健康的物质。

食品添加剂和营养强化剂的使用要有专人负责管理，准确称量，并应有复核程序，确保投料种类、顺序和数量正确，保持记录。

5）包装材料

食品包装材料（如纸盒、玻璃瓶、复合膜包装袋、马口铁罐等）或包装用气体（如氮气、二氧化碳等）应清洁、无毒、无害、无污染，且应符合食品安全国家标准和相关规定。包装材料或包装用气体在特定贮存和使用条件下（如冷藏、适当加热等）不应影响食品的安全和产品特性。

在包装材料投入使用前，必要时可对直接接触食品的包装材料再次消毒，如使用紫外灯、臭氧等方式进行处理。对使用的包装材料的标识和对应的产品名称、数量、操作人及日期等项目进行检查和记录。

6）产品信息和标签

所有预包装食品在满足《食品安全法》条款规定的基础上，根据不同产品分类，标签的强制性标识内容和非强制性标识内容以及可免除的标识内容应分别符合《食品标识管理规定》、GB 7718《食品安全国家标准　预包装食品标签通则》、GB 13432《食品安全国家标准　预包装特殊膳食用食品标签通则》和产品标准等的相关规定。

7）婴幼儿配方乳粉生产中特殊处理步骤

粉状婴幼儿配方食品的生产工艺中各处理工序如热处理、干混合、内包装工序等应分别符合相应的干法工艺或湿法工艺特定处理步骤的要求，具体要求见GB 23790《食品安全国家标准　粉状婴幼儿配方食品良好生产规范》的相关要求。

（4）检验

乳制品企业的检验包括对原料和产品的检验，可采取自检或委托有资质的检验机构进行检验。自行检验的企业应具备与所生产的产品食品安全国家标准中规定的项目相匹配的检测设备，采用食品安全国家标准规定的检测方法，如用非国家标准方法时应定期与标准方法核对，检验人员应经过培训并取得上岗资质，对于不能自检的项目，应委托获得食品检验机构资质的检验机构进行检验。

乳制品企业应制定产品质量检验制度以及检测设备管理制度。质量检验制度要包括取样、检验方法、结果的判定、样品的保存等。应制定检验计划，规定原料、产品的检验项目，严格按产品标准及有关规定对出厂食品进行检验，并出具产品质量检验报告。在生产过程中应按规定开展产品质量检验工作，并做好各项检验记录。

乳制品生产企业应当对出厂的乳制品按照乳品质量食品安全国家标准要求准逐批检验，并保存检验报告，并保留样品。检验内容应当包括乳制品的感官指标、理化指标、卫生指标和乳制品中使用的添加剂、稳定剂以及酸奶中使用的菌种等。婴幼儿奶粉在出厂前还应当检测营养成分。

（5）产品的贮存和运输

应根据产品的种类和性质选择贮存和运输的方式，并符合产品标签所标识的贮存条件，有冷藏、冷冻运输要求的，企业必须满足冷链储存、运输要求。

乳制品企业应当建立食品出货记录，查验出厂食品的检验合格证和安全状况，并如实记录食品的名称、规格、数量、生产日期、生产批号、检验合格证号、购货者名称及联系方式、销售日期等内容，以便追溯召回。

（6）产品追溯和召回

乳制品产品追溯系统是产品召回的基础，企业应建立产品追溯制度，在生产、销售全过程中建立产品追溯系统，确保识别产品批次及其与原料批次、生产、交付记录的关系，追溯系统应能够识别直接供方的进料和终产品的初次分销的途径。

乳制品企业应建立产品召回制度，发现生产的乳制品不符合乳品质量安全国家标准、存在危害人体健康和生命安全危险或者可能危害婴幼儿身体健康或者生长发育的，应当立即停止生产，报告有关主管部门，告知销售者、消费者，召回已经出厂、上市销售的乳制品，并记录召回情况。乳制品生产企业对召回的乳制品应当采取销毁、无害化处理等措施，防止其再次流入市场。

乳制品企业应建立对客户投诉的处理机制，保证顾客投诉或提出意见的渠道畅通，对顾客的意见、投诉要查找原因，及时回复并妥善处理，对顾客投诉、意见及其处理结果应做好记录。

10.2.1.4 文件和记录

乳制品企业应建立相应的记录管理制度，规定相关记录的管理要求，一般包括记录的标识、填写、修改、审核、保存和处置的相关规定。对乳制品加工中原料和包装材料等的采购、生产、贮存、检验、销售等环节详细记录，以增加食品安全管理体系的可信性和有效性。

乳制品企业应建立各个环节的记录，各项记录均应由执行人员和有关督导人员复核签名或签章，所有生产和品质管理记录应由相关部门审核，以确定所有处理均符合规定，如发现异常现象，应立即处理。乳制品 GMP 要求的有关记录，保存期不应少于 2 年。

乳制品企业应建立文件管理制度，规定文件的编制、评审、批准、标识、发放、使用、更改、回收和作废的相关要求。并建立完整的质量管理档案，文件应分类归档、保存。分发、使用的文件应为批准的现行文本。已废除或失效的文件除留档备查外，不应在工作现场出现。鼓励企业采用先进技术手段（如电子计算机信息系统），进行文件和记录管理的相关内容。

10.2.1.5 食品安全控制措施有效性的监控与评价

婴幼儿配方乳粉生产企业应采用 GB 23790《食品安全国家标准　粉状婴幼儿配方食品良好生产规范》（附录 A）的监控与评价措施，确保食品安全控制措施的有效性。

10.2.2 乳制品GMP体系文件要求

认证申请人应结合《食品安全法》《乳品质量安全监督管理条例》等食品安全相关适用法律法规及标准，根据 GB 12693《食品安全国家标准　乳制品良好生产规范》建立良好生产规范的体系文件，并且定期评审其适宜性、执行的有效性。

乳制品 GMP 文件目录示例如下：

1）特种设备（如压力容器、压力管道等）的操作规程；

2）设备保养和维修程序；

3）设备的日常维护和保养计划；

4）卫生管理制度及考核标准；

5）卫生检查计划；

6）清洁和消毒计划和程序；

7）从业人员健康管理制度；

8）虫害控制措施；

9）废弃物存放和清除制度；

10）原料和包装材料的采购、验收、运输和贮存相关的管理制度；

11）供应商管理制度；

12）原料和包装材料进货查验制度；

13）温度、时间控制措施和纠偏措施；

14）空气湿度控制和监控措施；

15）防止化学污染的管理制度；

16）产品追溯制度；

17）产品召回制度；

18）客户投诉处理机制；

19）培训制度；

20）年度培训计划；

21）记录管理制度；

22）文件的管理制度。

10.2.3 乳制品GMP体系运行的常见难点

（1）生鲜奶源的欺诈管理和冷链控制

国内奶源来源广泛，奶农素质参差不齐，由于利益驱动引起的掺假欺诈事件屡有发生，如 2008 年的三聚氰胺事件；同时，乳制品生产企业风险识别和欺诈鉴别能力也有欠缺，预防欺诈风险较为困难。

建议乳制品企业根据相关行业指南，建立欺诈评估和缓解策略的程序，控制类似的风险。可对供应商奶源控制力度、过往历史、检验能力、绩效等方面进行评估，对高风险供应商采取增加检查力度和频次、实施不通知现场检查等方法进行管控。

另外，企业运输生鲜乳的车辆有外包的可能，或者奶站自送车辆为节约成本，可能途中不打冷，或车辆年久失修导致制冷效果差。可考虑车辆上安装温度自动记录装置，根据风险评估检查运输过程温度记录是否满足要求。对于奶站的温度控制可以通过不通知检查来评估奶源供应商冷链控制水平。

（2）可追溯性和物料平衡

奶源来自不同养殖户，在收奶、暂存、储存、调配均质等过程中均有混合的可能。液态乳的杀菌和灌装为连续生产，不易实现唯一性的追溯。同时，对于物料平衡也只能通过时间段的产出比进行估算。

目前部分乳品企业有自建牧场，奶源单一，为实现良好的可追溯性提供了基础。

（3）监控系统的有效性确认

GB 12693 的附录 A（资料性附录）为“乳制品和婴幼儿配方食品生产企业计算机系统应用的有关要求”，规定了信息系统的安全、数据收集和采集、数据使用管理、风险预警、应急等要求，其中 A.6 为“如果系统需要采集自动化检测仪器产生的数据，系统应提供安全、可靠的数据接口，确保接口部分的准确和高可用性，保证仪器产生的数据能够及时准确地被系统所采集”。

目前，多数新建或者规模性乳品企业均采用中央控制系统进行混配、均质、定容、杀菌、灌装等活动的控制和监控。由于中控系统过于复杂，乳品企业员工对其原理不太熟悉，企业对于系统的稳定性和灵敏度的信任主要依赖供应商，初始确认和定期验证的证据保留不足。

乳制品 GMP 企业可以结合设备供应商、计量校准机构、行业协会等提供的信息，制定系统的定期验证制度，保留相关记录，以证实中控系统的稳定性和灵敏度。

（4）发酵菌种的管理

菌种管理过程中可能出现的问题：贮存温度达不到菌种生长和灭活的要求；个人卫生差或操作过程中微生物污染，蒸汽杀菌不彻底，菌种污染；基料的温度变化：温度过高菌种会被杀死，过低延长发酵时间，达不到发酵效果。

一般控制方法包括：明确贮存要求，如：丹尼斯克的菌种要求小于 4 ℃贮存，汉森与昊岳的菌种要求小于等于 -18 ℃。生产暂存在车间冷藏箱（冰箱）内，生产前 30 min～1 h 取出常温放置，让菌种温度回升，然后符合发酵温度时投菌种；要控制在菌种合适发酵温度范围内，一般酸奶用保加利亚乳杆菌和嗜热链球菌控制在 42 ℃ ±2 ℃；对菌种称量、投料等环节的人员卫生进行控制等。

乳品生产企业还需要关注菌种的纯度。新引进的菌种应该有有效的鉴定证书，防止产毒菌种的污染。

10.3 常见问题

10.3.1 乳制品GMP认证证书有效期是多久？

有别于其他的认证制度，乳制品 GMP 认证证书有效期为 2 年，获证乳品企业至少每年度接受二次监督审核，其中至少一次为不通知监督审核。首次监督审核应在初次认证审核后的 6 个月内实施。

10.3.2 乳制品GMP认证的不通知审核如何实施？

不通知监督审核可以在审核前 48 h 内向获证乳品企业提供审核计划，获证乳品企业无正当理由不得拒绝审核。第一次不接受审核将收到书面告诫，第二次不接受审核将导致证书的暂停。

10.3.3 再认证的要求是什么？

认证证书有效期满前 3 个月，可申请再认证。再认证程序与初次认证程序一致。

10.3.4 怎么申请认证范围的变更？

获证企业打算变更认证范围时，应向认证机构提出申请，并按认证机构的要求提交相关材料。这些审核活动可单独进行，也可与获证企业的监督审核或再认证一起进行。对于申请扩大认证范围的，必须开展现场审核，要有生产现场。

10.3.5 什么情况下认证证书会被暂停？

有下列情形之一的，企业的认证证书会被暂停，暂停期限最长为 3 个月。

1）获证乳品企业未按规定使用认证证书的；

2）获证乳品企业违反认证机构要求的；

3）获证乳品企业发生食品安全卫生事故；质量监督或行业主管部门抽查不合格等情况，尚不需立即撤销认证证书的；

4）监督结果证明获证乳品企业 GMP 或相关产品不符合认证依据、相关产品标准要求，不需要立即撤销认证证书的；

5）获证乳品企业未能按规定间隔期实施跟踪监督的；

6）获证乳品企业未按要求通报信息的；

7）获证乳品企业与认证机构双方同意暂停认证资格的。

10.3.6 什么情况下认证证书会被撤销？

有下列情形之一的，企业的认证证书会被撤销。

1）跟踪监督结果证明获证乳品企业 GMP 或相关产品不符合认证依据或相关产品标准要求，需要立即撤销认证证书的；

2）认证证书暂停使用期间，获证乳品企业未采取有效纠正措施的；

3）获证乳品企业不再生产获证范围内产品的；

4）获证乳品企业申请撤销认证证书的；

5）获证乳品企业出现严重食品安全事故或对相关方重大投诉不采取处理措施的；

6）获证乳品企业不接受相关监管部门或认证机构对其实施监督的。

10.3.7 乳制品GMP审核过程中，产品抽样检测的要求是什么？

乳制品 GMP 审核还需要对获证范围内的产品根据风险进行抽样检测，每年度至少对获证乳品企业进行一次证书覆盖范围内产品的抽检，抽样由认证机构负责。承担认证检验任务的检验机构应当符合有关法律法规和技术规范规定的资质能力要求，并依据 GB/T 15481《检测和校准实验室能力的通用要求》获得认可机构的实验室认可。

10.3.8 乳制品GMP信息通报应该包含的内容是什么？

乳制品 GMP 获证企业应建立信息通报制度，及时向认证机构沟通以下信息：

1）有关产品、工艺、环境、组织机构变化的信息；

2）生鲜乳、原料乳粉供应变化情况（适用时）；

3）消费者投诉的信息；

4）所在区域内发生的有关重大动、植物疫情的信息；

5）有关食品安全事故的信息；

6）在主管部门检查或组织的市场抽查中，被发现有严重食品安全问题的有关信息；

7）不合格产品召回及处理的信息；

8）其他重要信息。

附　录

附录 1

常用缩略语表

缩略语	外文名称	中文名称
ASC	Aquaculture Stewardship Council	水产养殖管理委员会
BAP	Best Aquaculture Practices	最佳水产养殖规范
BRC	BRC Global Standard British Retail Consortium	英国零售商协会
CAC	Codex Alimentarius Commission	国际食品法典委员会
CCAA	Chinese certification and Accreditation Association	中国认证认可协会
CCP	Critical Control Point	关键控制点
CFR	Code of Federal Regulations	美国联邦法规
CIP	Cleaning in place	原位清洗
CL	Critical Limit	关键限值
CNAS	China National Accreditation Service for Conformity Assessment	中国合格评定国家认可委员会
CNCA	Certification and Accreditation Administration of the People's Republic of China	国家认证认可监督管理委员会
CSR	Corporate social responsibility	企业社会责任
EMA	Economically Motivated Adulteration	经济利益驱动掺杂
FCD	La Fédération du Commerce et de la Distribution	法国商业及批发企业联合会
FDA	Food and Drug Administration	美国食品药品监督管理局
FMI	Food Marketing Institute	美国食品营销研究院
FSC	Forest Stewardship Council	森林管理委员会
FSMS	Food Safety Management System	食品安全管理体系
FSSC	Food Safety System Certification	食品安全体系认证
GAA	Global Aquaculture Alliance	美国全球水产养殖联盟
GAP	Good Agricultural Practices	良好农业规范
GDP	Good Distribution Practice	良好分销规范
GFSI	Global Food Safety Initiative	全球食品安全倡议组织
GHP	Good Hygiene Practice	良好卫生规范

续表

缩略语	外文名称	中文名称
GLOBAL GAP	GLOBAL Good Agricultural Practices	全球良好农业规范
GMOs	Genetically Modified Organisms	转基因生物
GMP	Good Manufacturing Practice	良好操作规范
GOTS	Global Organic Textile Standard	全球有机纺织品标准
GPP	Good Production Practices	良好生产规范
GRP	Good Retail Practice	良好零售规范
GTP	Good Trade Practice	良好贸易规范
GVP	Good Veterinary Practice	良好兽医操作规范
HACCP	Hazard Analysis and Critical Control Point	危害分析与关键控制点
HDE	Hauptverband des Deutschen Einzelhandels	德国零售业联合会
IDH	Dutch Sustainable Trade Initiative	荷兰可持续贸易行动计划
IFS	International Food Standard	国际食品标准
IMA	Ideologically Motivated Adulteration	意识驱动掺杂
ISO	International Organization for Standardization	国际标准化组织
JAS	Japanese Agriculture Standard	日本有机农业标准
MRL	Maximum Residue Limit	最高残留限量
MSC	Marine Stewardship Council	海洋管理委员会
NPO	Non-profit Prganization	非营利组织
OPRP	Operational Prerequistie programme	操作性前提方案
PDCA	Plan,Do, Check, Act	PDCA 循环
PRP(s)	Prerequistie programmes	前提方案
QMS	Quality Management System	质量管理体系
RSPO	Roundtable on Sustainable Palm Oil	可持续棕榈油圆桌倡议组织
SAN	Sustainable Agriculture Network	可持续农业网络
SQF	Safety Quality Food	安全质量食品
SQFI	Safe Quality Food Institute	美国食品安全及质量协会
SSOP	Sanitation Standard Operation Procedures	卫生标准操作程序
UTZ	Utz Kapeh	国际互世
WHO	World Health Organization	世界卫生组织
WWF	World Wildlife Fund	世界自然基金会

附录 2

常用食品安全法规、标准清单

1.《中华人民共和国产品质量法》

2.《中华人民共和国农产品质量安全法》

3.《中华人民共和国认证认可条例》

4.《中华人民共和国乳品质量安全监督管理条例》

5.《中华人民共和国食品安全法》

6.《中华人民共和国食品安全法实施条例》

7.《良好农业规范认证实施规则》

8.《绿色食品标志管理办法》

9.《认证机构管理办法》

10.《乳制品生产企业良好生产规范（GMP）认证实施规则（试行）》

11.《乳制品生产企业危害分析与关键控制点（HACCP）体系认证实施规则（试行）》

12.《食品安全管理体系认证实施规则》

13.《食品标识管理规定》

14.《食品召回管理办法》

15.《危害分析与关键控制点（HACCP）体系认证实施规则》

16.《有机产品认证管理办法》

17.《有机产品认证实施规则》

18.《中国绿色食品商标标志设计使用规范手册》

19. GB 12693《食品安全国家标准　乳制品良好生产规范》

20. GB 13432《食品安全国家标准　预包装特殊膳食用食品标签通则》

21. GB 14881《食品安全国家标准　食品生产通用卫生规范》

22. GB 23790《食品安全国家标准　粉状婴幼儿配方食品良好生产规范》

23. GB 2760《食品安全国家标准　食品添加剂使用标准》

24. GB 2761《食品安全国家标准　食品中真菌毒素限量》

25. GB 2762《食品安全国家标准　食品中污染物限量》

26. GB 2763《食品安全国家标准　食品中农药最大残留限量》

27. GB 28050《食品安全国家标准　预包装食品营养标签通则》

28. GB 31650《食品安全国家标准　食品中兽药最大残留限量》

29. GB 5749《生活饮用水卫生标准》

30. GB 7718《食品安全国家标准　预包装食品标签通则》

31. GB/T 19630《有机产品　生产、加工、标识与管理体系要求》

32. GB/T 20014《良好农业规范》系列标准

33. GB/T 22000《食品安全管理体系　食品链中各类组织的要求》

34. GB/T 27341《危害分析与关键控制点（HACCP）体系　食品生产企业通用要求》

35. GB/T 27342《危害分析与关键控制点（HACCP）体系　乳制品生产企业要求》

36. ISO 9000:2015《质量管理体系　基础和术语》

37. ISO 22005《饲料和食品链中的可追溯性　系统设计和执行的一般原则和基本要求》

38. ISO 19011《管理体系审核指南》

39. ISO/TS 22002《食品安全前提方案》

40. ISO/TS 22003《食品安全管理系统　食品安全管理系统审核和认证机构要求》

41. ISO 22005《饲料和食品链中的可追溯性　系统设计和执行的一般原则和基本要求》

42. ISO 导则 73:2009《风险管理　术语》

43. CAC/GL 60-2006《可追溯性 / 产品追踪作为一项工具在食品检查和认证体系中的原则》

44. CAC/GL 81-2013《供政府对饲料危害等级进行优先性排序的指南》

45. CAC/RCP 1-1969《食品卫生通用规范》

46. FAO/WHO 联合食品标准计划 . 国际食品法典委员会 . 程序手册（25 版）

附录3

食品链中各种食品农产品认证对象

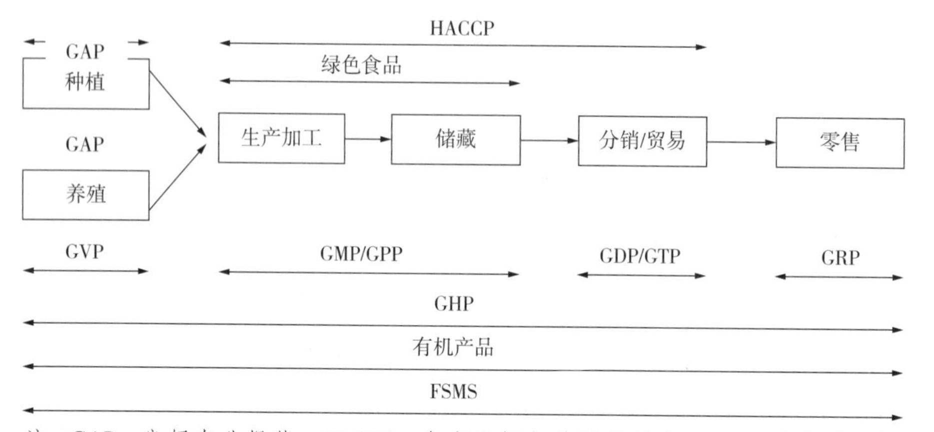

注：GAP—良好农业规范；HACCP—危害分析与关键控制点；GVP—良好兽医操作规范；GMP—良好操作规范；GPP—良好生产规范；GDP—良好分销规范；GTP—良好贸易规范；GRP—良好零售规范；GHP—良好卫生规范；FSMS—食品安全管理体系。

附录 4

资源链接

序号	名称	网址
1	ISO 在线浏览平台	www.iso.org/obp
2	国际标准化组织	www.iso.org
3	国际食品法典委员会	www.fao.org
4	国家标准化管理委员会标准公开查询	openstd.samr.gov.cn/bzgk/gb
5	国家标准全文公开系统	www.gb688.cn/bzgk/gb/index
6	国家企业信用信息公示系统	www.gsxt.gov.cn
7	国家认证认可监督管理委员会	www.cnca.gov.cn
8	国家市场监督管理总局	www.samr.gov.cn
9	全国认证认可信息公共服务平台	cx.cnca.cn
10	中国标准在线服务网	www.spc.org.cn/basicsearch
11	中国合格评定国家认可委员会	www.cnas.org.cn
12	中国绿色食品发展中心	www.greenfood.org.cn
13	中国认证认可协会	www.ccaa.org.cn
14	中国食品农产品认证信息系统	food.cnca.cn

附录 5

认证标志清单

序号	认证名称	认证标志
1	有机产品	中国有机产品 ORGANIC
2	绿色食品	绿色食品 GreenFood GFXXXXXXXXXXXX 绿色食品 GreenFood GFXXXXXXXXXXXX 绿色食品 GFXXXXXXXXXXXX GreenFood GFXXXXXXXXXXXX 绿色食品 GreenFood GFXXXXXXXXXXXX 绿色食品 GFXXXXXXXXXXXX GreenFood GFXXXXXXXXXXXX Certificated By China Green Food Development Center
3	GAP 认证一级	中国良好农业规范认证 CHINA GOOD AGRICULTURAL PRACTICE CERTIFICATION GAP+
4	GAP 认证二级	中国良好农业规范认证 CHINA GOOD AGRICULTURAL PRACTICE CERTIFICATION GAP
5	HACCP 认证	危害分析与关键控制点 HACCP

续表

序号	认证名称	认证标志
6	三同认证标识	同线同标同质 HACCP GAP
7	BRCGS 认证	BRCGS Food Safety; BRCGS Storage and Distribution; BRCGS Packaging and Packaging Materials; BRCGS Consumer Products; BRCGS Agents and Brokers; BRCGS Retail
8	IFS 认证	IFS International Featured Standards
9	FSSC 22000 认证	FSSC 22000
10	SQF 认证	SQF
11	MSC 认证	CERTIFIED SUSTAINABLE SEAFOOD MSC www.msc.org TM

续表

序号	认证名称	认证标志
12	ASC 认证	FARMED RESPONSIBLY asc CERTIFIED ASC-AQUA.ORG TM
13	BAP 认证	BEST AQUACULTURE PRACTICES · CERTIFIED · ®
14	UTZ 认证	UTZ Certified Better farming Better future
15	雨林联盟认证	RAINFOREST ALLIANCE · PEOPLE & NATURE ·
16	公平贸易认证	® FAIRTRADE

续表

序号	认证名称	认证标志
17	JAS 认证	
18	GOTS 认证